Hermann Moosmeier, Werner Reuschl

Metallbautechnik

Lernsituationen, Technologie, Technische Mathematik

Lernfelder 3 und 4

7. Auflage

Bestellnummer 74325

Zusatzmaterialien zu Titel

Für Lehrerinnen und Lehrer:

Lösungen zum Arbeitsheft: 978-3-427-74327-9

Lösungen zum Arbeitsheft Download: 978-3-427-74326-2

westermann GRUPPE

© 2021 Bildungsverlag EINS GmbH, Köln, www.westermann.de

Die Seiten dieses Arbeitshefts bestehen zu 100 % aus Altpapier.
Damit tragen wir dazu bei, dass Wald geschützt wird, Ressourcen geschont werden und der Einsatz von Chemikalien reduziert wird. Die Produktion eines Klassensatzes unserer Arbeitshefte aus reinem Altpapier spart durchschnittlich 12 Kilogramm Holz und 178 Liter Wasser, sie vermeidet 7 Kilogramm Abfall und reduziert den Ausstoß von Kohlendioxid im Vergleich zu einem Klassensatz aus Frischfaserpapier. Unser Recyclingpapier ist nach den Richtlinien des Blauen Engels zertifiziert.

Druck und Bindung: Westermann Druck GmbH, Braunschweig

ISBN 978-3-427-74325-5

Inhaltsverzeichnis

Lernfeld 3: Herstellen von einfachen Baugruppen

Lernfeld 4: Warten technischer Systeme

Die mit L gekennzeichneten Kapitel enthalten eine Lernsituation mit Arbeitsaufträgen, die auch in der Praxis umgesetzt werden können.

Das Verbinden von Werkzeug- und Maschinenteilen wird als Fügen bezeichnet.
Benennen Sie die skizzierten Verbindungsarten.
Formschluss-Verbindung, Stoffschluss-Verbindung, Kraftschluss-Verbindung.

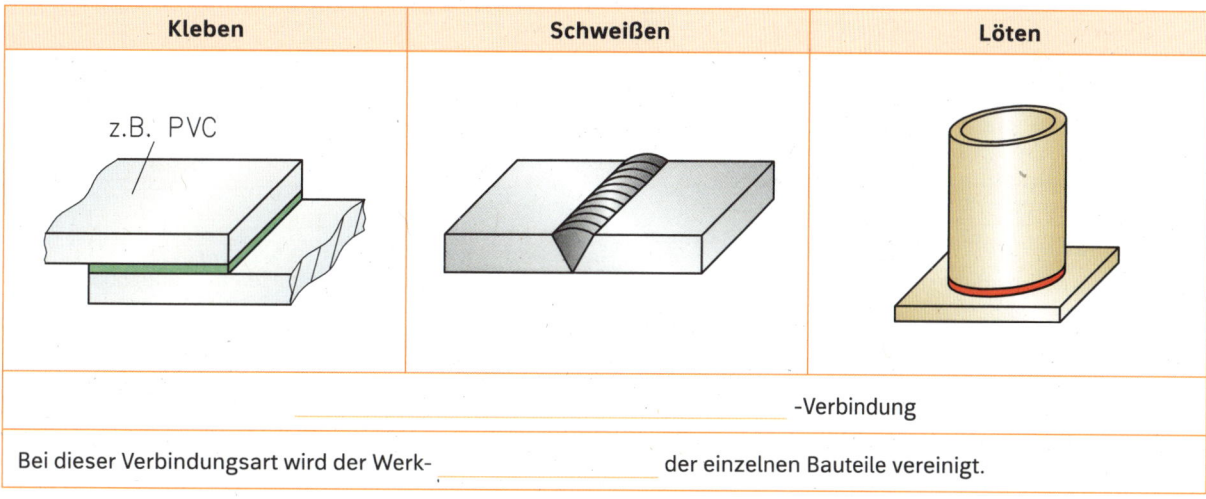

Kleben	Schweißen	Löten

z.B. PVC

_____-Verbindung

Bei dieser Verbindungsart wird der Werk-_____ der einzelnen Bauteile vereinigt.

Falzen	Schnappen	Stecken

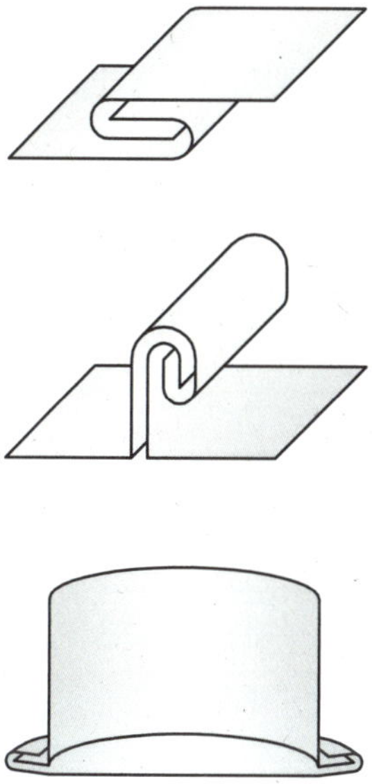

z. B. Schnappfalz

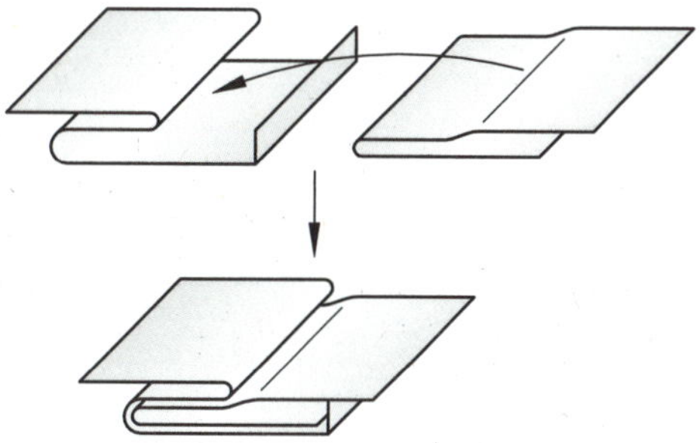

z. B. Klipsen

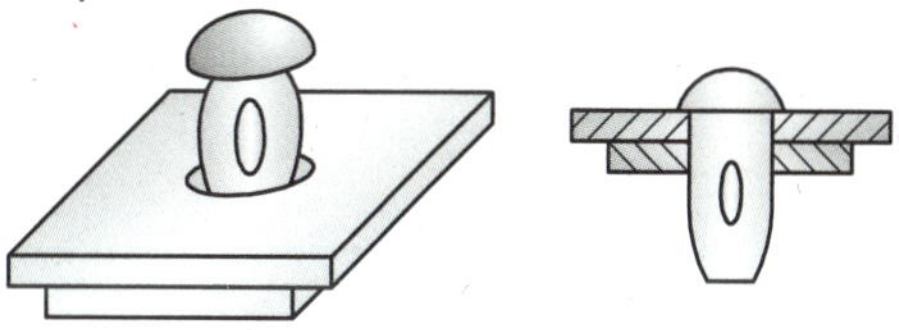

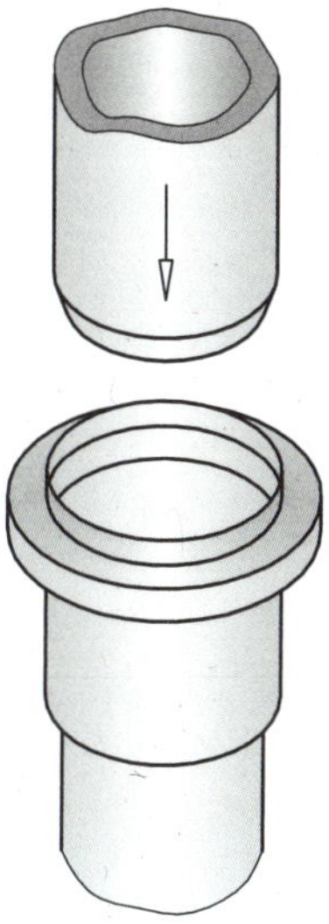

Stifte, Bolzen 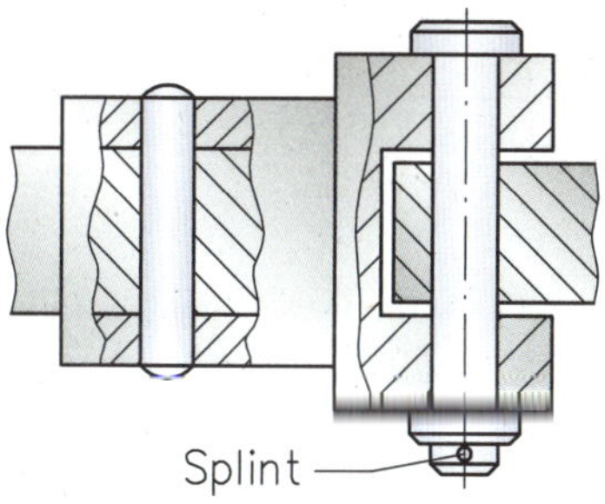	Kaltnieten 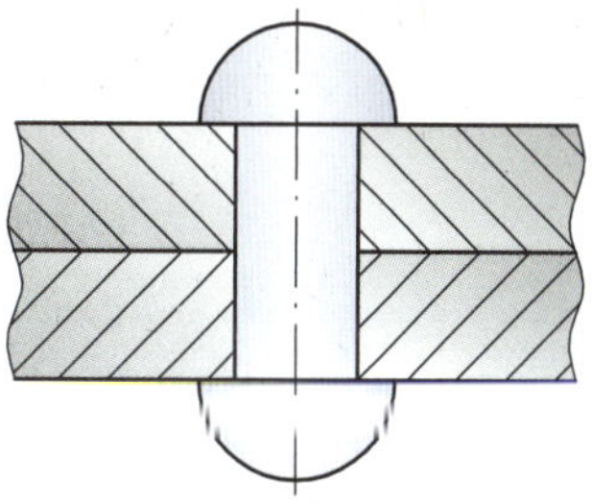	Keilwelle, Kerbverzahnung 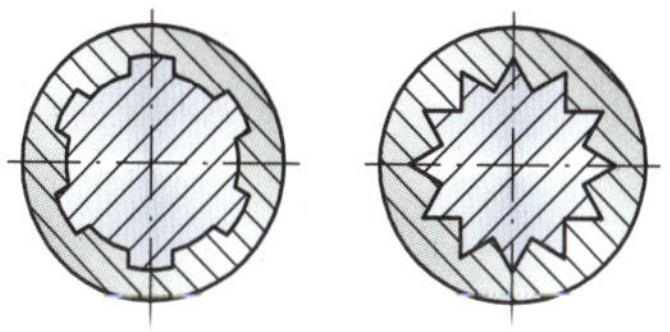

Splint

_____-Verbindung (Scherverbindung)

Bei dieser Verbindungsart hält die _____ der einzelnen Werkstücke die Bauteile zusammen.

Verschrauben	Warmnieten

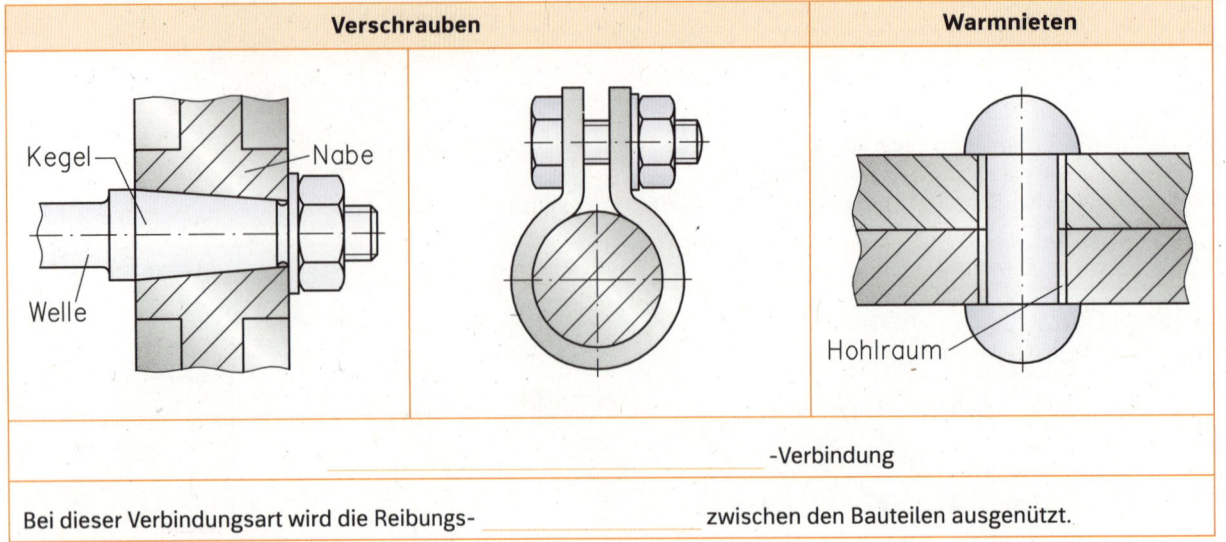

_____ -Verbindung

Bei dieser Verbindungsart wird die Reibungs- _____ zwischen den Bauteilen ausgenützt.

Durch das Fügen werden Werkstoffe miteinander verbunden. Diese Verbindung kann lösbar, z.B. durch

_____, oder unlösbar, z.B. durch _____, sein.

Einteilung und Anwendung der Verbindungen

Ordnen Sie in die Tabelle ein: Gewinde, Schweißen, Löten, Stifte, Nieten, Federn und Keile, Kleben, Falzen.
Geben Sie Anwendungsbeispiele aus Ihrem Beruf an.

Lösbare Verbindungen		Unlösbare Verbindungen	
Verbindung durch	Anwendungsbeispiel	Verbindung durch	Anwendungsbeispiel

Gebräuchliche Schraubenverbindungen

A. Schrauben

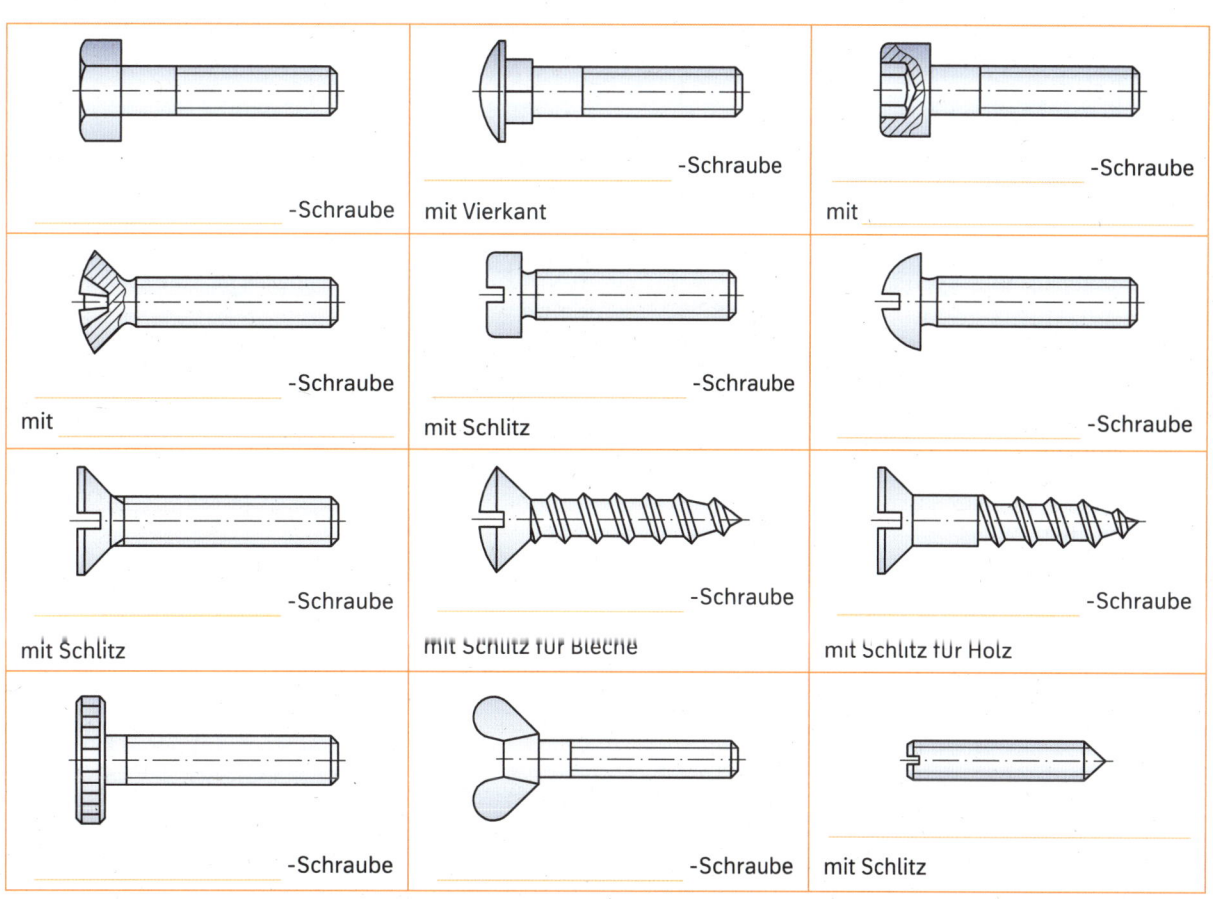

_____ -Schraube	_____ -Schraube mit Vierkant	_____ -Schraube mit _____
_____ -Schraube mit _____	_____ -Schraube mit Schlitz	_____ -Schraube
_____ -Schraube mit Schlitz	_____ -Schraube mit Schlitz für Bleche	_____ -Schraube mit Schlitz für Holz
_____ -Schraube	_____ -Schraube	mit Schlitz

B. Muttern

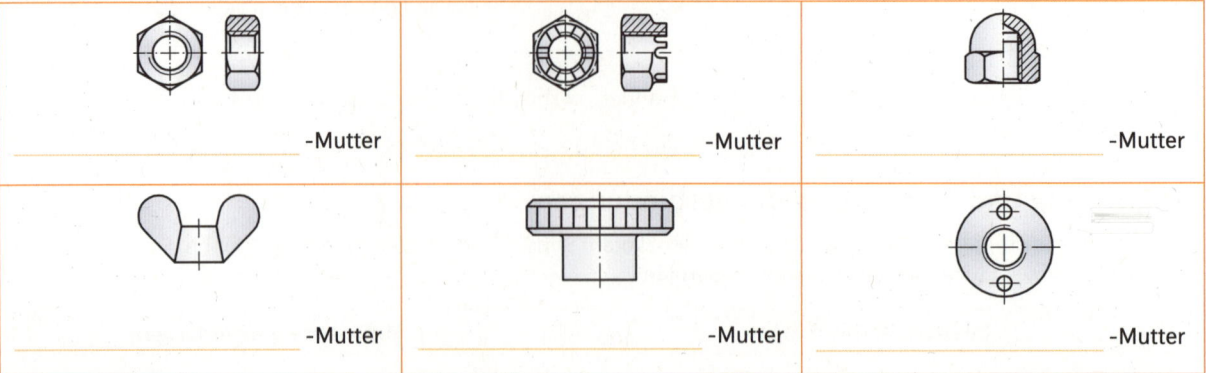

_____ -Mutter

_____ -Mutter

_____ -Mutter

_____ -Mutter

_____ -Mutter

_____ -Mutter

C. Sicherungen

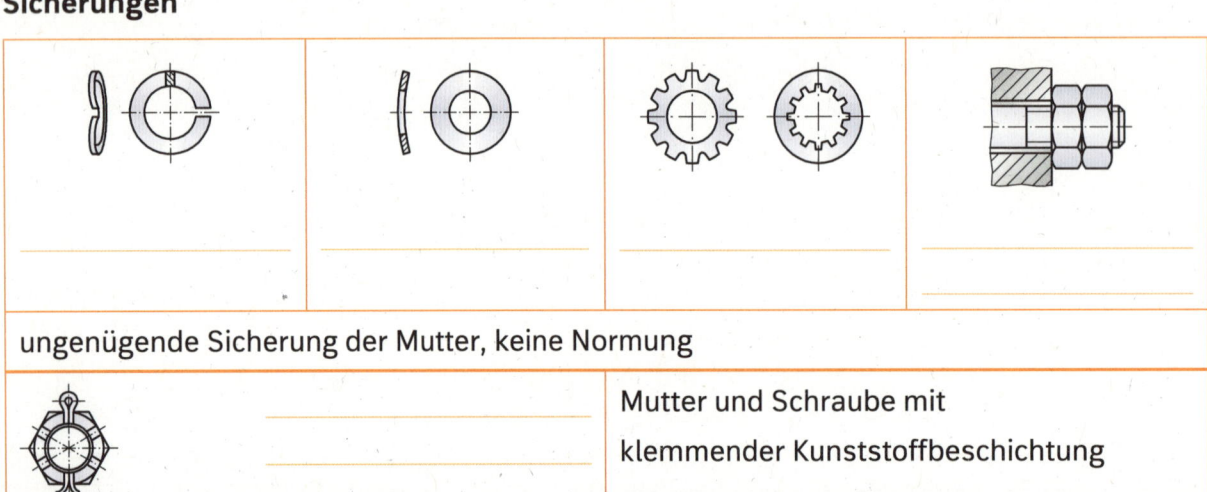

_____

_____

_____

_____

ungenügende Sicherung der Mutter, keine Normung

_____
_____

Mutter und Schraube mit

klemmender Kunststoffbeschichtung

D. Bezeichnung an der Schraube

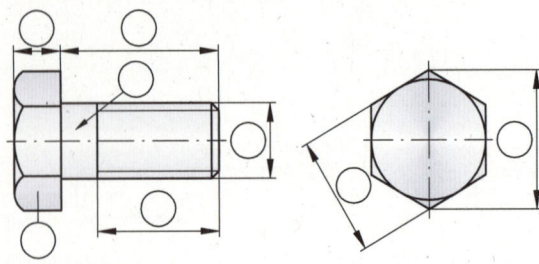

Ordnen Sie die Ziffern in die Zeichnung ein.
Beispiel: Sechskantschraube

① Schraubenkopf   ⑤ Gewindelänge

② Schraubenschaft   ⑥ Gewinde- oder Nenndurchmesser

③ Kopfhöhe   ⑦ Schlüsselweite

④ Schaftlänge   ⑧ Eckmaß

E. Gütebezeichnung

Stark beanspruchte Schrauben sind mit
einer Gütebezeichnung versehen, z. B. _____ .

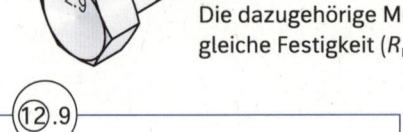

Die dazugehörige Mutter muss die
gleiche Festigkeit (R_m) aufweisen z. B. 12

⑫.9

_____

Mindest-

_____

Mindest-

F. Normung

1. Sechskantschraube
   DIN EN ISO 4014 – M 16 x 80 – 10.9

   M = _____

   16 = _____

   80 = _____

   10.9 = _____

2. Senkschraube
   DIN EN ISO 2009 – M 8 x 40 – 5.8

   M = _____

   8 = _____

   40 = _____

   5.8 = _____

G. Spannung und Dehnung der Schrauben

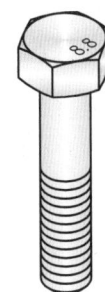

Sechskantschraube aus Stahl mit Schaft, DIN EN ISO 4014.

Größe: M 16, Länge: 80 mm

1. Geben Sie die Normbezeichnung der Schraube an.

2. Bestimmen Sie die Mindestzugfestigkeit R_m und die Mindeststreckgrenze R_e in N/mm².
   8.8. bedeutet:

3. Bestimmen Sie mithilfe des Tabellenbuchs die Bruchdehnung nach DIN EN ISO 898-1. Sie beträgt _____ %.

4. Zeichnen Sie die Spannungs-Dehnungs-Kennlinie dieser Schraube.
   Beachten Sie dabei:
   - Beim Erreichen der Streckgrenze hat sich der Schraubenwerkstoff um 0,4 % gedehnt.
   - Von 0,4 bis 1 % fließt der Werkstoff; die Zugspannung schwankt zwischen 638 und 642 N/mm².
   - Die größte Belastung wird bei 8 % Dehnung erreicht.

R_e – Spannung, bei der der Werkstoff zu fließen beginnt. Es entsteht eine plastische Verformung, eine bleibende Dehnung. Die Streckgrenze ist der wichtigste Festigkeitswert.

R_m – Die größte mögliche Zugspannung, die der Werkstoff aufnehmen kann. Nach dem Erreichen der Mindestzugfestigkeit schnürt sich der Werkstoff ein, der Querschnitt wird kleiner.

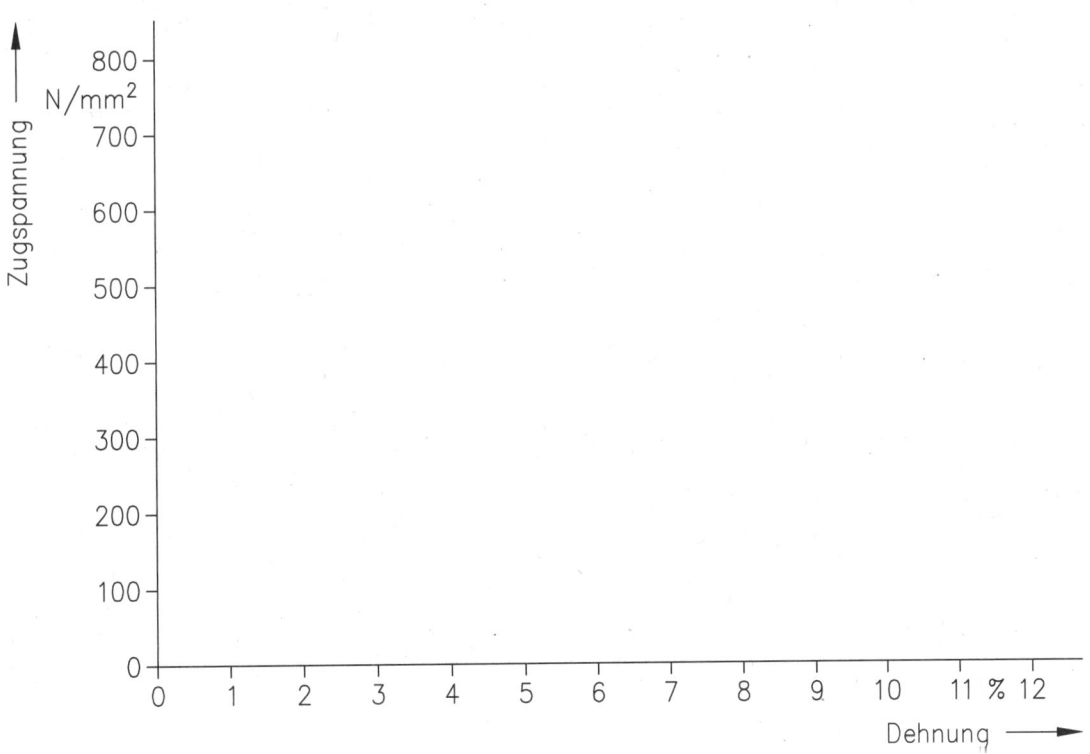

A. Gewindemaße

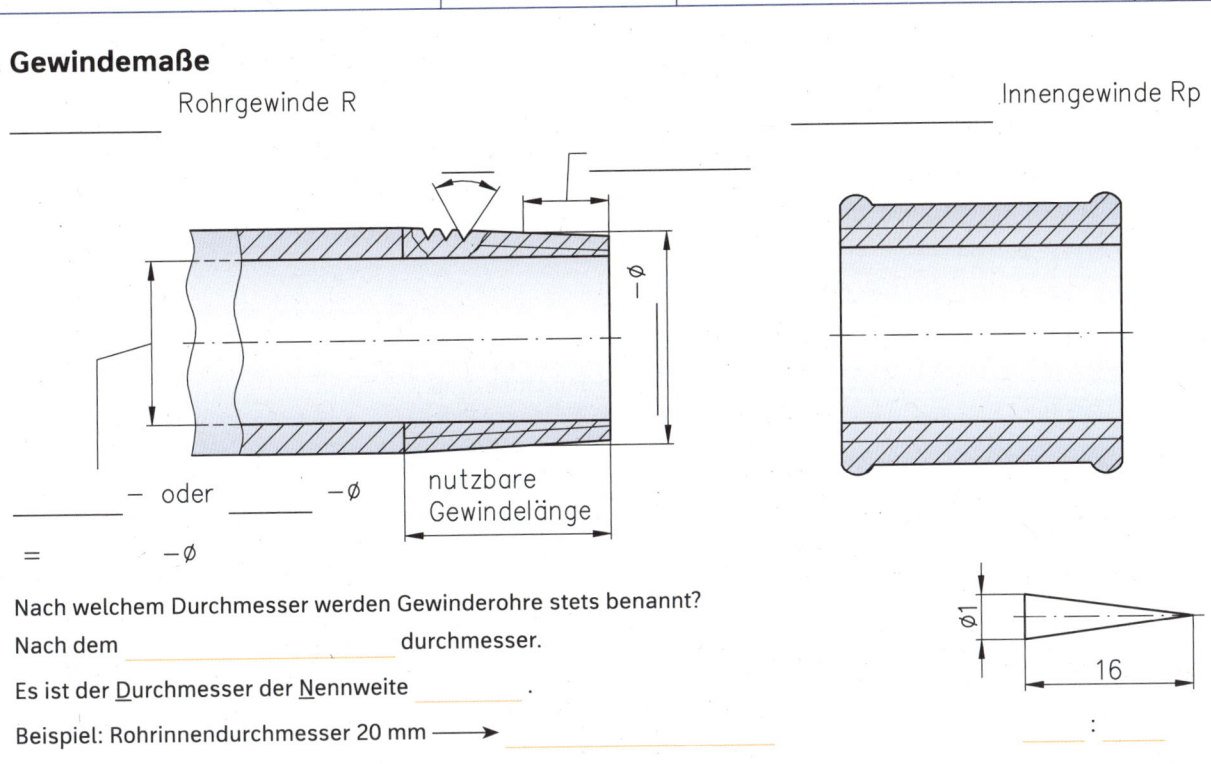

Rohrgewinde R   Innengewinde Rp

— oder   —⌀

nutzbare
Gewindelänge

=   —⌀

Nach welchem Durchmesser werden Gewinderohre stets benannt?

Nach dem _____ durchmesser.

Es ist der D̲urchmesser der N̲ennweite _____ .

Beispiel: Rohrinnendurchmesser 20 mm ⟶ _____

Durch das Fügen des kegeligen Außengewindes mit dem zylindrischen Innengewinde entsteht eine dichte Pressver-
bindung. Sie gehört aber trotzdem zu den lösbaren Verbindungen.

Gewindeschneidwerkzeuge: _____

_____

Whitworth-Rohrgewinde (nach DIN EN 10226)

Ergänzen Sie jeweils den Nenndurchmesser und die Steigung. Verwenden Sie dazu das Tabellenbuch.

Kurzzei-chen	Nenn-⌀ DN	Außen-⌀ (mm)	Gangzahl auf 1''	Steigung (mm)	Nutzbare Gewindelänge Mittelwert (mm)	Messstelle Mittelwert (mm)
R 3/8		16,66	19		10,1	6,4
R 1/2		20,96	14		13,2	8,2
R 3/4		26,44	14		14,5	9,5
R 1		33,25	11		16,8	10,4
R 1 1/4		41,91	11		19,1	12,7
R 1 1/2		47,80	11		19,1	12,7

R 3/4 bedeutet: _____

Rp 1/2 bedeutet: _____

B. Rohrverbindungsstücke

Soll bei Gewinderohren die Richtung geändert, der Durchmesser reduziert, eine Armatur (z. B. Absperrventil) eingefügt
werden oder sind Abzweigungen erforderlich, verwendet man Fittings aus _____ -Guss.

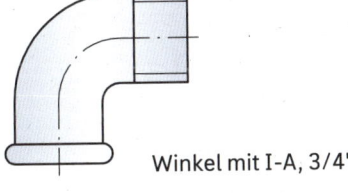

Winkel mit I-A, 3/4''

Bei der Bezeichnung der Fittings unterscheidet man:

1. _____ (z. B. Winkel)

2. _____ (I)- oder _____ (A)-Gewinde

3. _____ -Durchmesser in _____

© Westermann Gruppe

Fittings aus Temperguss (nach DIN EN 10 242)

Benennen Sie die einzelnen Fittings.

![Winkel]		![Bogen mit Gewinde]	mit Innen- und Außengewinde	![Muffe]	
![Winkel]	mit Innen- und Außengewinde	![45°-Bogen]		![Muffe reduziert]	mit Innen- und Außengewinde
![Winkel mit Öffnung]		![45°-Winkel]	mit Innen- und Außengewinde	![Kappe]	mit Innen- und Außengewinde
![45°-Winkel]	mit Innen- und Außengewinde	![T-Stück]		![Stopfen]	
![Winkel]		![T-Stück reduziert]	Abgang egal, Durchgang reduziert	![Verschraubung]	mit Rand
![Winkel]	mit Innen- und Außengewinde	![Kreuz-Stück]		![Verschraubung]	
![Bogen]		![Y-Stück]		![Winkel]	
![Bogen]	mit Außengewinde	![Etagenbogen]		![Winkel verschraubt]	mit Innen- und Außengewinde

Reihenfolge der Bezeichnung der Nenndurchmesser reduzierter Fittings

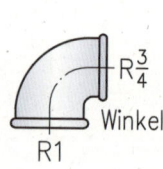

$R\frac{3}{4}$ Winkel
$R1$

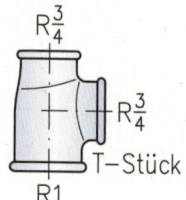

$R\frac{3}{4}$
$R\frac{3}{4}$ T–Stück
$R1$

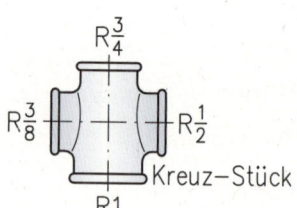

$R\frac{3}{4}$
$R\frac{3}{8}$ $R\frac{1}{2}$
Kreuz–Stück
$R1$

C. Dichtungsmittel

Die Gewindeflanken geschnittener Gewinde können rau sein. Dichtungsmittel gleichen dies aus. Welche Eigenschaften müssen Dichtungsmittel haben?

In Trinkwasserleitungen: _____ . In Gasleitungen: _____

Verwendet werden: 1. _____ mit _____

2. _____ (Kunststoffe aus Silikon, z. B. _____)

D. Fehler bei Verschraubungen

1. Zu lang geschnittenes Gewinde ⟶ _____
2. Zu kurz geschnittenes Gewinde ⟶ _____
3. Falsches Aufbringen des Hanfes oder Dichtungsbandes ⟶ _____
4. Starkes Verletzen der verzinkten Oberfläche ⟶ _____

A. Aufbau einer Schweißanlage

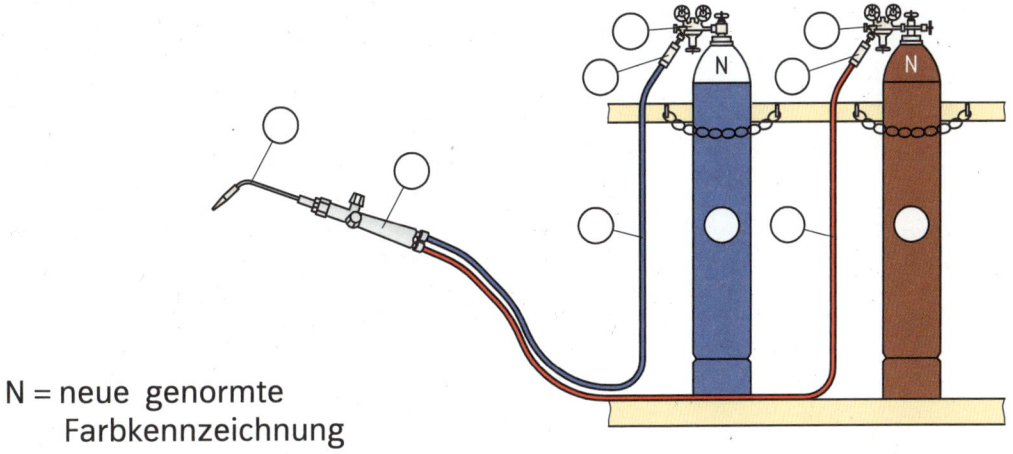

N = neue genormte
      Farbkennzeichnung

① _____   ⑤ _____

② _____   ⑥ _____ (blau)

③ _____   ⑦ _____ (rot)

④ _____   ⑧ _____

B. Schweißgase und Schweißflaschen

Beim Gasschmelzschweißen werden die zu verbindenden Metalle durch eine Gasflamme (3 200 °C) zum Schmelzen gebracht. Zum Speichern der Schweißgase dienen Flaschen aus Stahl.

_____ (C_2H_2)

ist ein brennbares Gas. Es wird aus Kalziumkarbid und Wasser hergestellt.

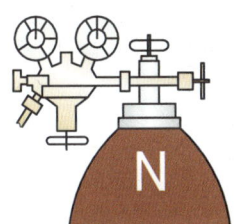

Kennfarbe
Bisher: _____

Neu: Flaschenmantel und Flaschenschulter
_____

Acetylen explodiert bei einem Druck von über 2 bar. Dies wird verhindert, wenn das Acetylen in Aceton gelöst wird. Damit möglichst viel Gas vom Aceton aufgenommen werden kann, wird die Oberfläche der Flüssigkeit vergrößert; dazu dient die poröse Flaschenauskleidung.

Flascheninhalt   = _____ oder _____ l

Fülldruck   = _____ – _____ bar

Acetylenmenge   = 6 000 l

Flaschenklang: _____

Handradform: _____

Anschluss: _____

_____ (O_2)

ist _____ brennbar, fördert aber die Verbrennung. Gewonnen wird er durch Verflüssigung aus der

Kennfarbe
Bisher: _____

Neu: Flaschenmantel und Flaschenschulter _____ ,

Normalflasche

Flascheninhalt   = _____ l

Fülldruck   = _____ bar

Sauerstoffmenge   = _____ l · _____ bar = _____ l

Leichtstahlflasche

Flascheninhalt   = _____ l

Fülldruck   = _____ bar

Sauerstoffmenge   = _____ l · _____ bar = _____ l

Flaschenklang: _____

Handradform: _____

Anschluss Überwurfmutter: _____

C. Druckminderventil (Druckminderer) und Rückschlagsicherung

Wie heißen die bezifferten Teile?

① _____

② _____

③ _____ für den

_____

④ _____

⑤ _____

⑥ _____

(Sicherheitsvorlage)

Aufgabe des Druckminderventils:

Der hohe Flaschendruck wird auf den Arbeitsdruck vermindert.

Arbeitsdruck Sauerstoff: _____ bar, Acetylen: _____ bar, bis _____ bar.

Aufgabe der Rückschlagsicherung:

_____

D. Schweißbrenner

Ordnen Sie die Zahlen den Bauteilen zu.
Zeichnen Sie die Gasdurchgänge (Sauerstoff blau, Acetylen gelb) ein.

- Sauerstoff (blau)
  Acetylen (gelb)

○ Überwurfmutter   ○ Mischrohr   ○ Cu-Zn-Druckring

○ Sauerstoffventil   ○ Griffrohr   ○ Schweißdüse (Mundstück)

○ Acetylenventil   ○ Dichtung   ○ Sprengring

○ Mischdüse   ○ Druckdüse

○ Schlauchanschluss (Sauerstoff)   ○ Schlauchanschluss (Acetylen)

Arbeitsweise des Saug- oder Injektorbrenners:

_____

_____

Wonach richtet sich die Wahl des Schweißeinsatzes?

_____

E. Schweißdraht

Gebräuchliche Durchmesser: _____

Länge: _____

Korrosionsschutz: Durch _____

F. Vorbereitung

Welche Tätigkeiten sind vor Schweißbeginn erforderlich?

1. _____
2. _____
3. _____
4. _____
5. _____
6. _____

Geben Sie die Reihenfolge beim Abstellen der Flamme an.

_____

G. Schweißflamme

Flammenbild	Flammeneinstellung	Flammenkegel	Werkstoffe Nahteigenschaften
	Neutrale Flamme Mischungsverhältnis _____ : _____	_____ und _____ begrenzt.	Zum Schweißen von _____ .
	Überschuss an _____ _____	_____ , und _____ begrenzt.	Die Naht nimmt _____ auf; sie wird _____ .
	Überschuss an _____ _____	_____ , _____ , _____ .	Die Naht nimmt _____ auf; sie wird _____ .

H. Schweißrichtung

1. _____ -Schweißen

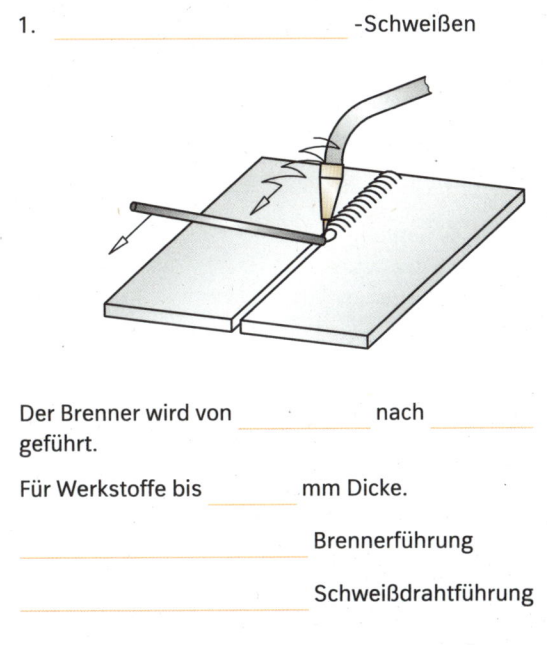

Der Brenner wird von _____ nach _____ geführt.

Für Werkstoffe bis _____ mm Dicke.

_____ Brennerführung

_____ Schweißdrahtführung

2. _____ -Schweißen

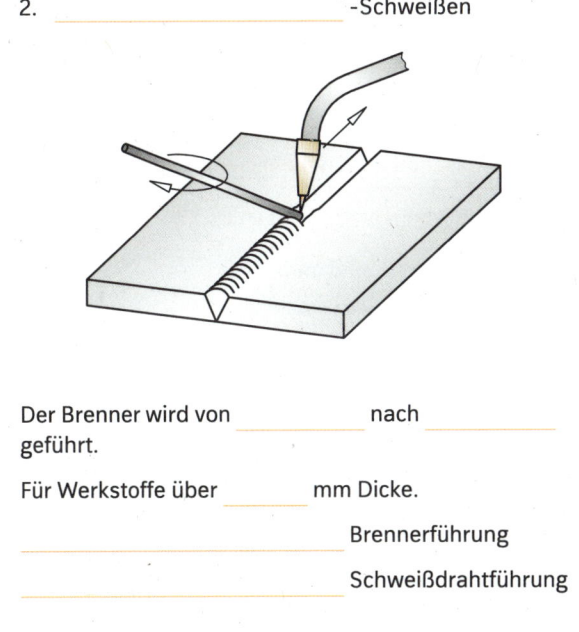

Der Brenner wird von _____ nach _____ geführt.

Für Werkstoffe über _____ mm Dicke.

_____ Brennerführung

_____ Schweißdrahtführung

I. Nahtarten

Aufgabe:
Benennen Sie die skizzierten Schweißnähte.
Ergänzen Sie die räumlichen Darstellungen durch Schweißsinnbilder.

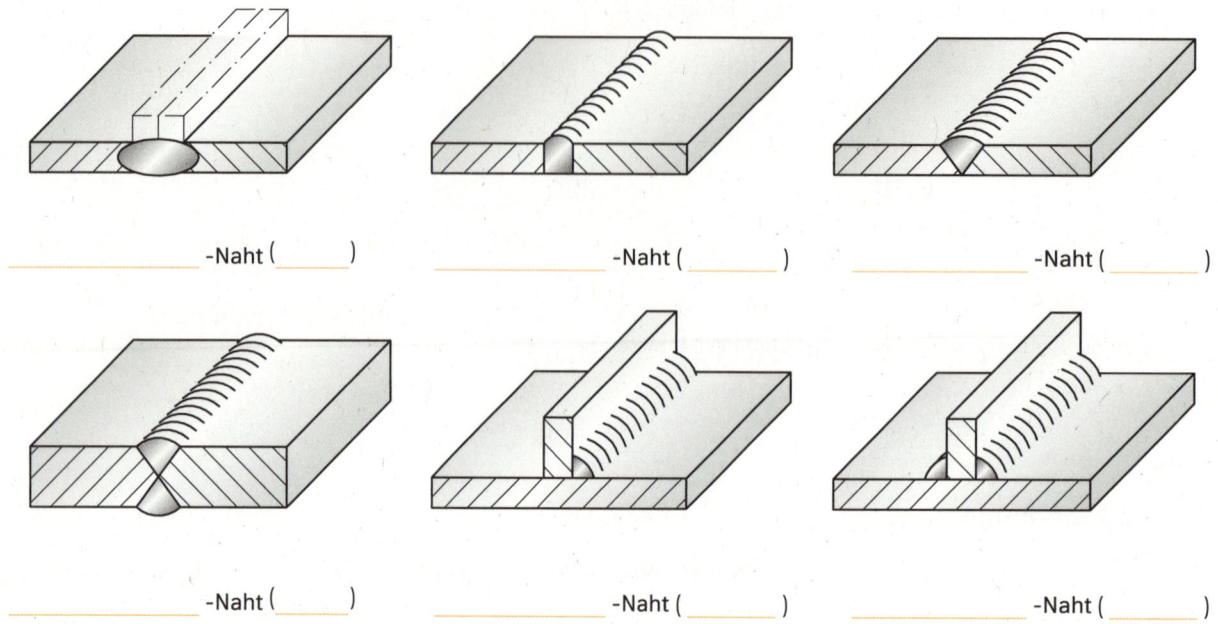

_____ -Naht (_____)   _____ -Naht (_____)   _____ -Naht (_____)

_____ -Naht (_____)   _____ -Naht (_____)   _____ -Naht (_____)

J. Unfallverhütung

1. Der Acetylenarbeitsdruck darf höchstens _____ bar betragen.

2. Aus einer liegenden Acetylenflasche darf kein Gas entnommen werden (Auslaufen von Aceton).

  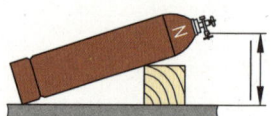 

   Ausnahme:

   Aus Acetylenflaschen mit einem _____ Farbring am Flaschenhals darf auch liegend Gas entnommen
   werden.

3. Sauerstoffflaschen sind _____ - und _____ -frei zu halten (Explosionsgefahr).

4. Gasflaschen dürfen nicht _____ oder liegend _____ werden.

5. Gasflaschen sind gegen _____ , _____ (z. B. Heizkörper, Sonneneinstrahlung)
   und _____ (– °C) zu schützen.

6. Gasflaschen dürfen nur mit einer Schutz- _____ transportiert werden.

7. Gasflaschen müssen gegen _____ gesichert sein (z. B. Ketten).

8. Gasschläuche sind immer mit _____ oder _____
   zu befestigen.

9. Beim Schweißen ist die Schweiß-Schutz- _____ zu verwenden.

10. In geschlossenen Räumen müssen schädliche Schweißgase _____ werden.

11. Vor dem Schweißen sind brennbare oder explosionsfähige Stoffe im Arbeits- _____ zu entfernen
    (z. B. Gasfeuerzeug aus Kunststoff).

Einfache Schweißnahtdarstellung

Eine Schweißnahtdarstellung besteht aus Pfeillinie, Bezugsvolllinie und Gabel.

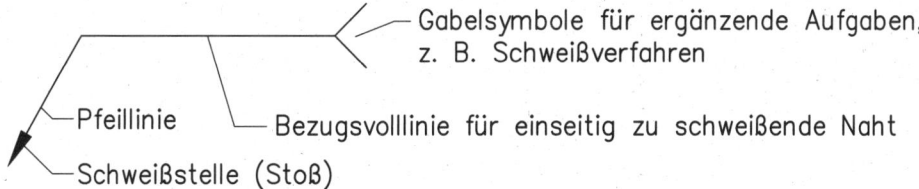

Gabelsymbole für ergänzende Aufgaben, z. B. Schweißverfahren

Pfeillinie

Bezugsvolllinie für einseitig zu schweißende Naht

Schweißstelle (Stoß)

1. Aufgabe:

Die beiden Flachstähle sollen durch eine durchgehende Kehlnaht verbunden werden. Schweißverfahren: Lichtbogenhandschweißen

Vervollständigen Sie die Schweißnahtdarstellung.

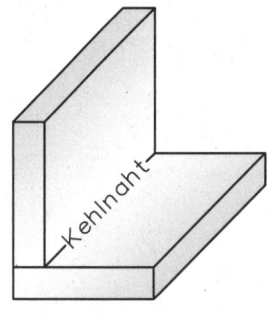

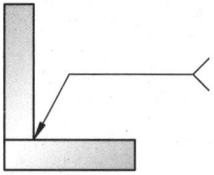

Eine Schweißnahtdarstellung kann durch eine Bezugsstrichlinie ergänzt werden. Sie kann über oder unter der Bezugsvolllinie liegen.

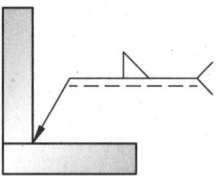

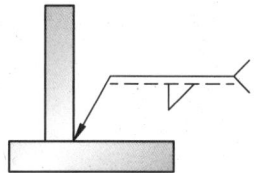

Die Kehlnaht befindet sich

_____

_____

Die Kehlnaht befindet sich

_____

_____

2. Aufgabe:

Zwei Flachstähle sollen durch eine V-Naht auf der Baustelle gefügt werden. Schutzgas-Schweißverfahren: Metall-Aktiv-Gasschweißen (MAG)

Vervollständigen Sie die Schweißnahtdarstellung.

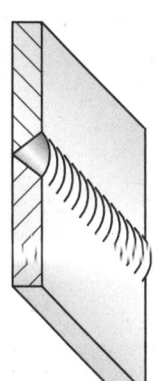

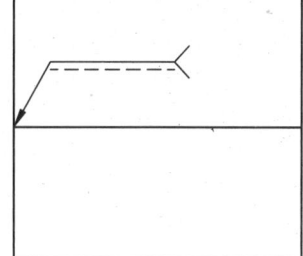

3. Aufgabe:

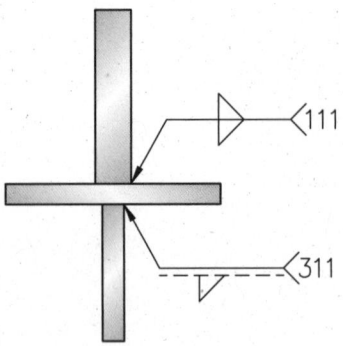

Das skizzierte Werkstück wird durch zwei verschiedene Schweißverfahren verbunden.

Welches Schweißverfahren wird durch die Zahl 311 angegeben?

_____

_____

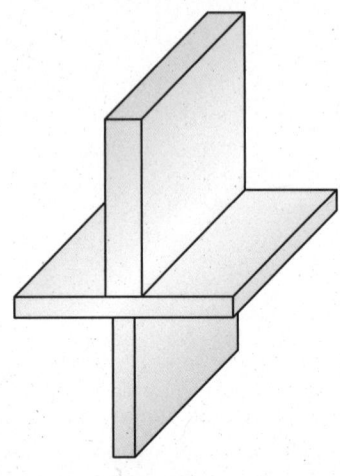

Zeichnen Sie die Schweißnähte bildlich in die nebenstehende Skizze ein.

4. Aufgabe:

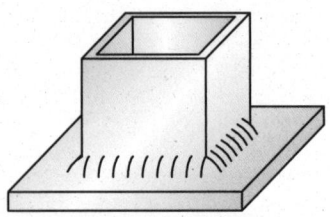

Die ringsum verlaufende Naht soll durch autogenes Gasschmelzschweißen hergestellt werden.

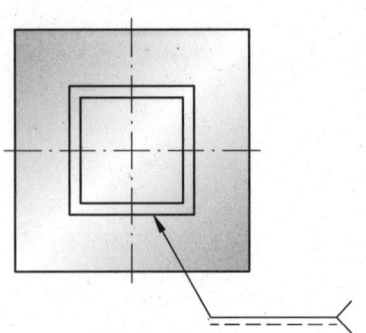

Ergänzen Sie die Schweißangaben in der Draufsicht.

© Westermann Gruppe

Der 700 cm² große Abschlussdeckel eines Druckbehälters wird mit der Kraft von 56 000 N belastet. Welcher Druck (in N/cm² und in bar) herrscht im Behälter?

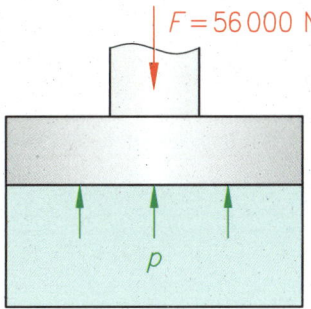

$F = 56\,000$ N

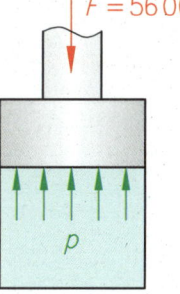

$F = 56\,000$ N

Bei gleicher Kraft F

und großer Fläche A

ist der Druck p _____ .

und kleiner Fläche A

ist der Druck p _____ .

Geg.: _____

Ges.: _____

Auf _____ cm² ⟶ _____ N

auf _____ cm² ⟶ _____ = _____

$p =$ _____ (_____) _____ in _____
                                  _____ in _____

In Flüssigkeiten und Gasen wird als Druckeinheit auch häufig „bar" verwendet.

10 N/cm² = 1 bar	$p =$ _____ bar

1. Aufgabe: Die Feder eines Sicherheitsventils übt eine Kraft von 80 N aus. Der wirksame Durchmesser des Ventils ist 20 mm.
Bei wie viel bar öffnet das Sicherheitsventil?

2. Aufgabe: Der Arbeitskolben einer hydraulischen Richtpresse hat 80 mm Durchmesser. Beim Richten von verzogenen Profilstählen wird ein Druck von 20 bar erzeugt.
Mit welcher Kraft (in kN) wird ausgerichtet?

3. Aufgabe: Der Warmwasserbereiter im Waschraum einer Werkstätte wird mit einem maximalen Druck von 6 bar betrieben.
Wie viele Schrauben benötigt man für den Reinigungsdeckel mit 400 mm Durchmesser wenn eine Schraube mit 3 140 N beansprucht werden darf?

4. Aufgabe: Der Blindstopfen in einer Druckluftanlage muss die Belastung von 425 N bei 6 bar Betriebsdruck aufnehmen.
Wie groß (in cm²) darf die Fläche des Stopfens höchstens sein und wie groß ist dann sein Durchmesser (in mm)?

40 l Luft mit Atmosphärendruck werden auf 10 l verdichtet.
Welcher Druck (in bar) stellt sich dabei ein?

Luftdruck 1 bar

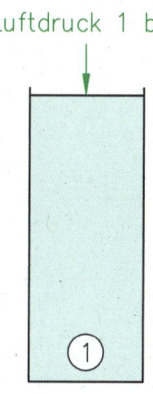 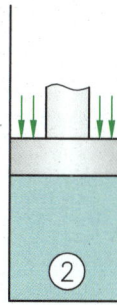 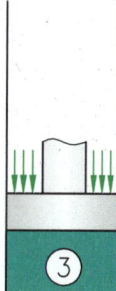

$V_1 = 40\,l$ $\qquad$ $V_2 = 20\,l$ $\qquad$ $V_3 = 10\,l$

$p_1 = \underline{\hspace{1cm}}$ bar $\qquad$ $p_2 = \underline{\hspace{1cm}}$ bar $\qquad$ $p_3 = \underline{\hspace{1cm}}$ bar

$= \underline{\hspace{2cm}}$ $\qquad$ $= \underline{\hspace{2cm}}$

$= \underline{\hspace{2cm}}$ $\qquad$ $= \underline{\hspace{2cm}}$

$\boxed{\underline{\hspace{2cm}} = \underline{\hspace{2cm}}}$ = konstant (Gesetz von Boyle-Mariotte)

Bei Gasen wird stets mit dem $\underline{\hspace{3cm}}$ Druck gerechnet.

Man unterscheidet:

Absoluter Druck: $\qquad\qquad\qquad\qquad$ $p\,\underline{\hspace{1cm}}$

Positiver Überdruck (früher Überdruck): $\qquad$ $p\,\underline{\hspace{1cm}}$, z. B. $p\,\underline{\hspace{1cm}} = 2{,}5$ bar

Negativer Überdruck (früher Unterdruck): $\qquad$ $p\,\underline{\hspace{1cm}}$, z. B. $p\,\underline{\hspace{1cm}} = -0{,}4$ bar

Luftdruck, Atmosphärendruck, Normaldruck: $\qquad$ $p\,\underline{\hspace{1cm}}$, er wird in der Technik mit 1 bar angenommen.

Absoluter Druck = $\underline{\hspace{6cm}}$

$\boxed{p_{abs} = \underline{\hspace{2cm}}}$ (bar)

1. Aufgabe: In einem Behälter von 80 l Rauminhalt wird Gas mit 4 bar positivem Überdruck eingefüllt. Wie viel Liter Gas können im Behälter gelagert werden?

2. Aufgabe: Mit welchem positiven Überdruck muss Luft in einen Behälter gepresst werden, wenn dieser ein Volumen von 4 m³ hat und 30 m³ Luft aufnehmen soll?

3. Aufgabe: 6 000 l Sauerstoff werden auf 120 bar absoluten Druck komprimiert. Auf welchen Raum (in dm³) wird der Sauerstoff verdichtet?

4. Aufgabe: In einer Stahlflasche mit 50 l Volumen befindet sich Sauerstoff mit p_e = 103 bar. Welchen Raum nimmt der Sauerstoff bei Normaldruck ein?

Bei einer Schweißarbeit sank der Druck am Inhaltsmanometer einer 50-Liter-Sauerstoffflasche von 200 auf 170 bar.
a) Wie viel Liter Sauerstoff waren in der gefüllten Flasche?
b) Wie viel Liter wurden verbraucht?

a) **Füllvolumen** V

Flaschenvolumen V_{Fl}:

Fülldruck p:

Füllvolumen V:

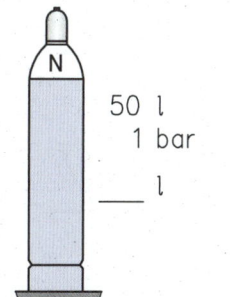 50 l   1 bar   ____ l

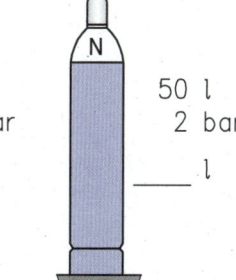 50 l   2 bar   ____ l

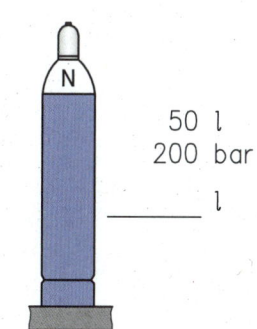 50 l   200 bar   ____ l

Je 1 bar Druckerhöhung nimmt das Füllvolumen um _____ l zu = _____

Bei   2 bar   ⟶   _____   = ____ l

Bei 200 bar   ⟶   _____   = ____ l

$V =$ _____   (l) p in _____

                                   V_{Fl} in _____

Übliche Sauerstoffflaschen   Flaschenvolumen V_{Fl} Fülldruck p

Leichtstahlflasche   _____   _____

Normalflasche   _____   _____

b) **Sauerstoffverbrauch** ΔV
Je 1 bar Druckabfall nimmt das Sauerstoffvolumen um _____ l ab = _____

Bei   3 bar   ⟶   _____   = ____ l

bei ____ bar   ⟶   _____   = ____ l

$\Delta V =$ _____   (l) Δp in _____

                                   V_{Fl} in _____

1. Aufgabe: Berechnen Sie das Füllvolumen (in l) einer Normalflasche.

© Westermann Gruppe

2. Aufgabe: Bei einer Schweißarbeit sank der Druck am Inhaltsmanometer einer Sauerstoff-Leichtstahlflasche von 184 auf 116 bar.
Wie viel Liter Sauerstoff wurden verbraucht?

3. Aufgabe: Das Inhaltsmanometer einer Normalflasche Sauerstoff zeigt 102 bar an.
Berechnen Sie den neuen Manometerstand, wenn für eine Schweißarbeit 1,2 m³ entnommen wurden.

4. Aufgabe: In einer Normalflasche Sauerstoff sank der Druck während einer Brennschneidarbeit von 84 auf 60 bar.
Wie viel Liter Sauerstoff wurden verbraucht? Wie viel Liter sind noch in der Flasche?

a) Eine Acetylenflasche enthält 15 l Aceton und wurde mit 16 bar Druck gefüllt.
   Wie viel Liter Acetylen befinden sich in der Flasche?

b) Beim Schweißen sank der Druck in dieser Flasche von 16 auf 13 bar.
   Wie viel Liter Acetylen wurden verbraucht?

a) **Füllvolumen** V

Wird Acetylen über _____ bar verdichtet, explodiert es. Dies wird verhindert, wenn das Acetylengas in

_____ gelöst wird. 1 l dieser Flüssigkeit nimmt bei 1 bar Druck 25 l Acetylengas auf.

Für 40-Liter-Flaschen gilt:
Fülldruck: 15 bis 19 bar
Acetonmenge: 13 bis 16 l

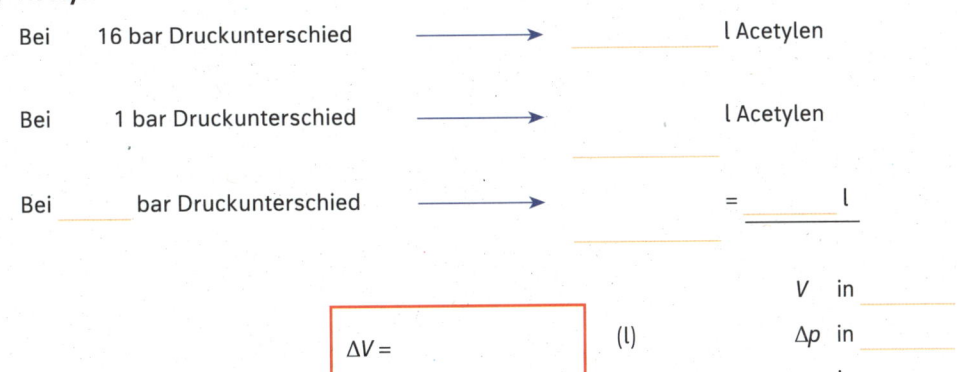

1 l Aceton löst bei   1 bar ⟶ _____ l Acetylen

_____ l Aceton lösen bei   1 bar ⟶ _____ l Acetylen

_____ l Aceton lösen bei ____ bar ⟶ _____ = _____ l

b) **Acetylenverbrauch** ΔV

Bei   16 bar Druckunterschied   ⟶ _____ l Acetylen

Bei   1 bar Druckunterschied   ⟶ _____ l Acetylen

Bei _____ bar Druckunterschied   ⟶ _____ = _____ l

$\Delta V =$ _____ (l)

V in _____
Δp in _____
p in _____

1. Aufgabe: Der Fülldruck einer Acetylenflasche beträgt 18 bar, das Füllvolumen 6 200 l.
Wie viel Liter wurden verbraucht, wenn der Druck von 11 auf 3,8 bar abfiel?

2. Aufgabe: Vor dem Schweißen zeigt das Manometer einer mit 6 000 l Acetylen gefüllten Normalflasche 11 bar an, nach dem Schweißen 3,8 bar. Der Fülldruck war 15 bar.
a) Wie viel Liter Acetylen wurden verbraucht?
b) Wie viel Liter sind noch in der Flasche?

3. Aufgabe: Aus einer Acetylenflasche wurden 1 800 l entnommen.
Um wie viel bar sinkt der Flaschendruck, wenn der Fülldruck 17 bar und das Füllvolumen 6 000 l betrugen?

4. Aufgabe: Bei einer Leichtstahlflasche Sauerstoff sank der Druck von 52 auf 16 bar. Das Mischungsverhältnis Sauerstoff : Acetylen war 1 : 1.
Berechnen Sie den Druckabfall (in bar) bei einer Acetylenflasche mit 5 600 l Füllvolumen und 14 bar Fülldruck.

Für ein 5 mm dickes Bauteil aus Stahlblech wurden beim Gasschmelzschweißen 1 360 l Sauerstoff verbraucht.
a) Wie viel Meter Schweißnaht konnten damit hergestellt werden?
b) Wie lang (in Stunden, Minuten) dauert die reine Schweißarbeit?

Gasverbrauch und Schweißzeit hängen von der _____ des Stahlblechs und damit von der

_____ -Größe ab:

Stahlblechdicke (mm)		0,5–1	1–2	2–4	4–6	6–9	9–14	14–20
Brennergröße		1	2	3	4	5	6	7
Sauerstoff- bzw. Acetylenverbrauch (1 : 1)	K_l (l/m)	15	30	70	170	280	550	1 000
	K_t (l/h)	80	160	315	500	800	1 250	1 800
Schweißgeschwindigkeit v (mm/min)		100	80	65	50	40	35	25

Geg.: _____

Ges.: a) _____ b) _____

a) Mit _____ l Sauerstoff ⟶ _____ m,

mit _____ l Sauerstoff ⟶ _____ m,

mit _____ l Sauerstoff ⟶ = _____ m

$l =$ _____ (m) ΔV in _____ K_l in _____

b) Mit _____ l ⟶ _____ h

mit _____ l ⟶ _____ h,

mit _____ l ⟶ = _____ h = _____ h _____ min

$t =$ _____ (h) ΔV in _____ K_t in _____

Die Schweißzeit kann aber auch mit der Schweiß- _____
berechnet werden:

50 mm ⟶ 1 min,

1 mm ⟶ _____ min,

_____ mm ⟶ = _____ min = _____ h _____ min

$t =$ _____ (min) l in _____ v in _____

1. Aufgabe: Mit einem Brennereinsatz der Größe 3 wird 2 h geschweißt.
a) Um wie viel bar sinkt der Druck in einer Normalflasche Sauerstoff?
b) Wie viel Meter Schweißnaht können hergestellt werden?

2. Aufgabe: Für das Warmrichten von Trägern wurden ein Brennereinsatz der Größe 6 und eine Normalflasche Sauerstoff verwendet. Der Brenner war 1 h 6 min in Betrieb.
Berechnen Sie den Druckabfall.

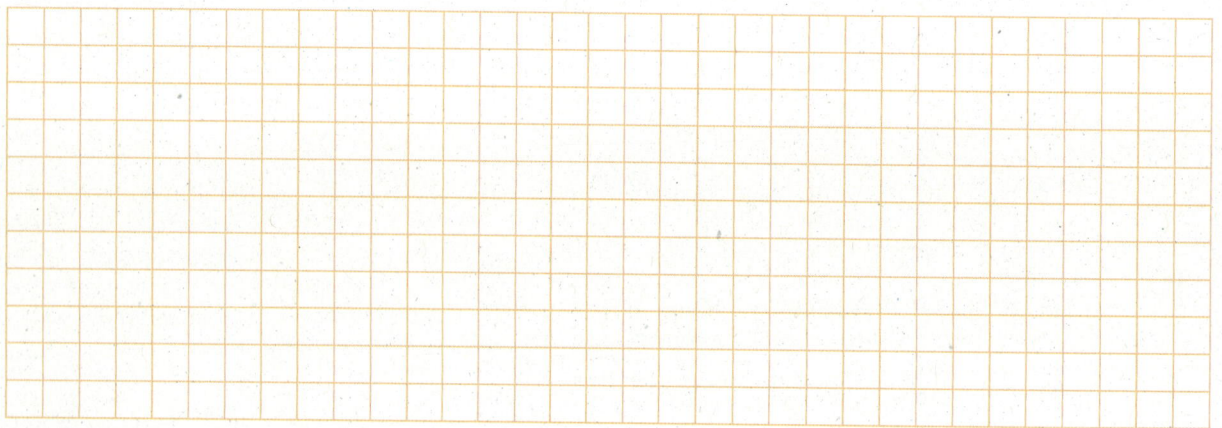

3. Aufgabe: Ein Schneidbrenner verbraucht stündlich 2 700 l Sauerstoff. Getrennt wird 24 min mit einer Geschwindigkeit von 650 mm/min.
a) Wie viel Liter Sauerstoff wurden verbraucht?
b) Um wie viel bar sinkt der Flaschendruck in einer Leichtstahlflasche?
c) Wie lang (in mm) ist der Schnitt?

A. Lötvorgang

Beim Löten werden gleiche oder verschiedene Metalle durch Zufuhr von Wärme verbunden.
Als Zusatzmittel dienen leicht schmelzende Metalle.
Wie werden diese bezeichnet?

B. Voraussetzungen und Arbeitsregeln

Geben Sie anhand der Skizzen die Voraussetzungen und Arbeitsregeln beim Löten an.

1.

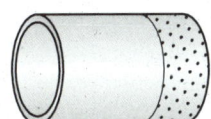 

2.

3.

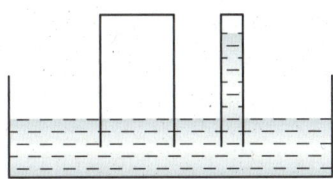

In sehr engen Röhrchen oder Spalten steigen Flüssigkeiten selbsttätig hoch. Diese Erscheinung heißt Kapillarwirkung.

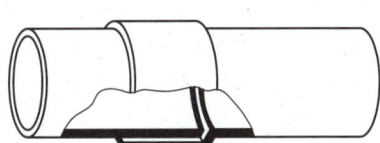

4.

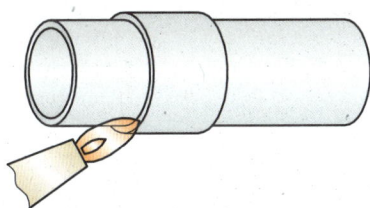

5.

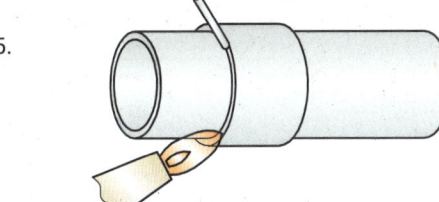

6. Während des Erstarrungsvorgangs die Lötstelle nicht erschüttern.
7. Flussmittel von der Lötstelle entfernen (Korrosionsgefahr).
8. Schutzkleidung und Brille tragen, für Belüftung sorgen.

C. Vorgänge auf der Lötoberfläche

1. Breitet sich das Lot nur langsam auf der Lötoberfläche aus, findet eine erneute Oxidation statt. Außerdem wird dadurch die Kapillarwirkung verschlechtert. Für eine gute Lötverbindung ist daher das rasche Ausbreiten (= Benetzung) des flüssigen Lots wichtig.

2.

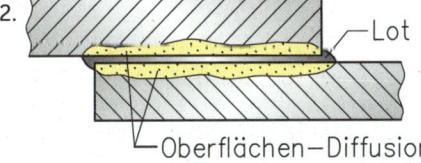

Lot

Oberflächen–Diffusion

Beim Löten dringt das flüssige Lot in die Lötoberfläche ein (= Diffusion) und bildet mit dem zu lötenden Werkstoff eine Legierung.

Weich- und Hartlöten

A. Weichlöten

1. Weichlote: _____ Schmelzpunkt der Hauptlote unter _____ °C.

Kurzzeichen DIN EN (Auswahl)	Zusammensetzung	Schmelzbereich in °C	Anwendung
S–Pb70Sn30			Zinkblechlötungen (Bauklempnerei)
S–Sn95Ag5			Kalt- und Warmwasserinstallation
S–Sn96Ag4			Kupfer- und Edelstahlrohre

2. Flussmittel: _____
_____

Beispiel: Flussmittel EN 29454 – 3.1.2.C

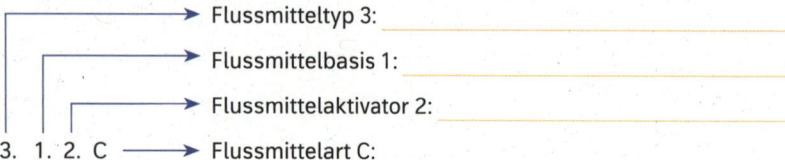

Flussmitteltyp 3: _____

Flussmittelbasis 1: _____

Flussmittelaktivator 2: _____

3.   1.   2.   C   →   Flussmittelart C: _____

3. Wärmequellen: _____

B. Hartlöten

1. Hartlote: _____ Schmelzpunkt der Hauptlote über _____ °C.

Vorteile: _____

Kurzzeichen DIN EN (Auswahl)	Zusammensetzung	Anwendung
B-Cu92PAg-645/825		Kupferlötung
B-Cu88Sn-825/990		allgemeiner Metallbau

2. Flussmittel: _____
_____

F _____

H _____ für Schwermetalle, L = Hartlöten für Leichtmetalle

F H 20 → Kennzahl für _____ z. B. 750–1 000 °C

3. Wärmequellen: _____

C. Gestaltungsregeln

Streichen Sie die nicht fachmännisch ausgeführten Lötverbindungen durch.

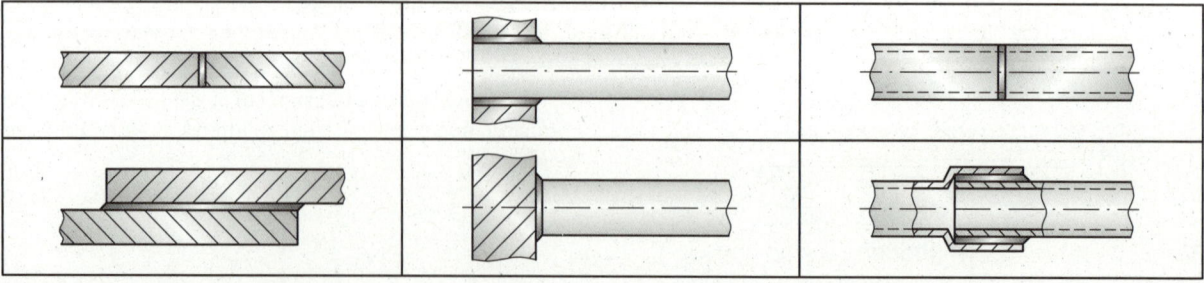

Genormte Lötsymbole
A. Kennzahlen für das Löten

Entnehmen Sie die fehlenden Kennzahlen aus dem Tabellenbuch.

Kennzahl	Weichlötverfahren
_____	Weichlöten (Verfahren frei wählbar)
_____	Flamm-Weichlöten
_____	Kolben-Weichlötung

Kennzahl	Hartlötverfahren
_____	Hartlöten (Verfahren frei wählbar)
_____	Flamm-Hartlöten
_____	Ofen-Hartlöten

B. Lötnähte

Darstellung	Benennung	Symbol
oder	Flächennaht	
	Schrägnaht	

C. Darstellung der Lötnähte

Nahtsymbol —

Symbol für Lötverfahren, Lötposition, Lötzusatzwerkstoff

Lötstelle

D. Aufgaben

1. Die beiden Kupferbleche sollen durch Weichlöten in waagerechter Position verbunden werden. Die Zusatzwerkstoffe finden Sie im Tabellenbuch unter DIN EN ISO 9453.

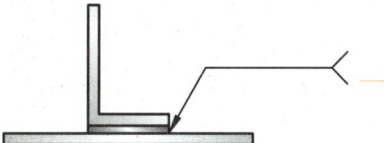

2. Das Stahlrohr soll durch Hartlöten in waagerechter Position mit dem Flachstahl gefügt werden. Dafür finden Sie die Zusatzwerkstoffe unter DIN EN ISO 17672 ebenfalls im Tabellenbuch.

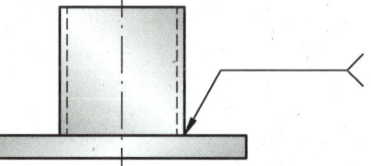

A. Fertigstellen des Blechkästchens aus Lernfeld 1 (siehe Arbeitsheft 74000)

Aufgabe: Verbinden Sie die Lötzugaben mit den Seitenwandungen durch Weichlöten.

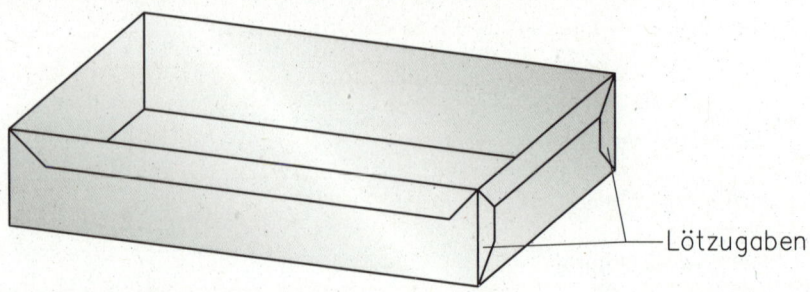

Lötzugaben

Geben Sie die Arbeitsschritte dazu an:

1. _____
2. _____
3. _____
4. _____
5. _____
6. _____

Für die nachfolgenden Lötübungen B und C können Werkstoffe und Maße vom Lehrer gewählt werden.

B. Weichlöten von Blechen

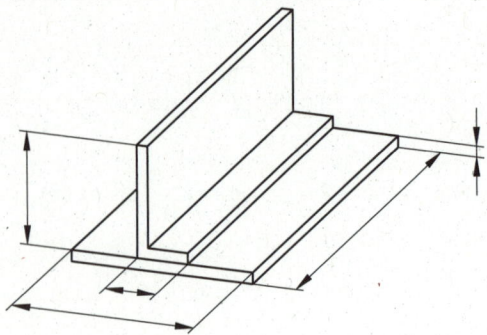

C. Hartlöten

Geben Sie die Regeln beim Hartlöten an.

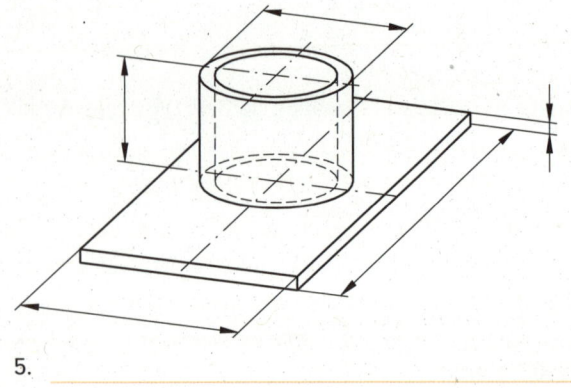

1. _____
2. _____
3. _____
4. _____
   _____
   _____
5. _____
6. _____
7. _____
8. _____
9. _____

A. Beschreibung

Beim Metalllichtbogenschweißen, auch Elektroschweißen genannt, wird die nötige Wärme durch den elektrischen Lichtbogen zwischen Werkstück und Elektrode erzeugt. Die abschmelzende Elektrode bildet die Schweißraupe. Zum Schweißen kann Wechselstrom (∿) oder Gleichstrom (===) verwendet werden. Für den elektrischen Lichtbogen wird eine kleine Spannung von 15 bis 50 V, jedoch eine große Stromstärke von 60 bis 1 000 A benötigt. Deshalb muss der zur Verfügung stehende Strom mit 230 V oder 400 V Spannung durch Schweißmaschinen umgeformt werden.

B. Schweißausrüstung

Ordnen Sie die richtigen Ziffern den Ausrüstungsgegenständen zu.

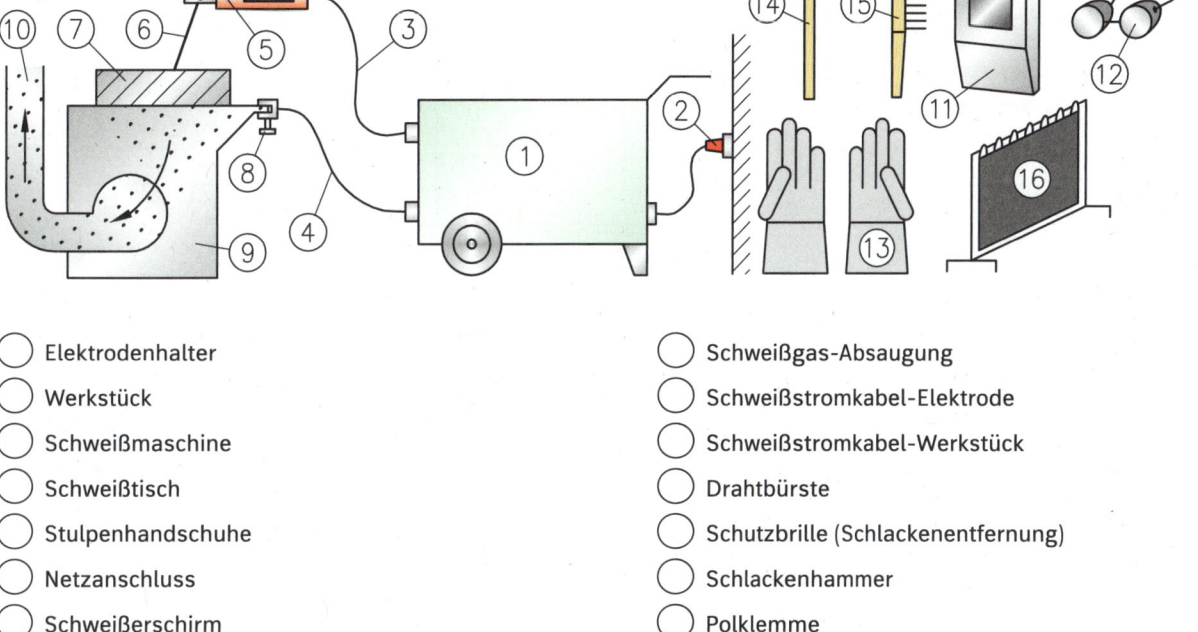

○ Elektrodenhalter

○ Werkstück

○ Schweißmaschine

○ Schweißtisch

○ Stulpenhandschuhe

○ Netzanschluss

○ Schweißerschirm

○ Stabelektrode

○ Schweißgas-Absaugung

○ Schweißstromkabel-Elektrode

○ Schweißstromkabel-Werkstück

○ Drahtbürste

○ Schutzbrille (Schlackenentfernung)

○ Schlackenhammer

○ Polklemme

○ Schutzwand

C. Schweißmaschinen

1. Schweißtransformator (Umspanner)

Ordnen Sie der Skizze zu.
Primärwicklung, Eisenkern, Sekundärwicklung, Streukern.

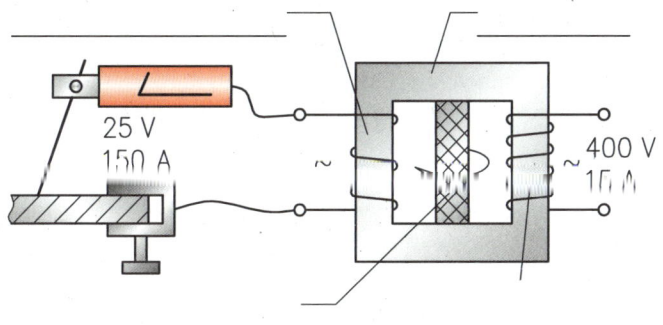

25 V
150 A

∿

400 V
∿ 16 A

Schweißtransformatoren ändern die Spannung und die Stromstärke, nicht aber die Stromart. Welche elektrische Größe kann durch den verstellbaren Streukern stufenlos eingestellt werden?

Entnehmen Sie dem Tabellenbuch die _____

Leerlaufspannung _____ V,

Kesselschweißungen _____ V.

2. Schweißgleichrichter

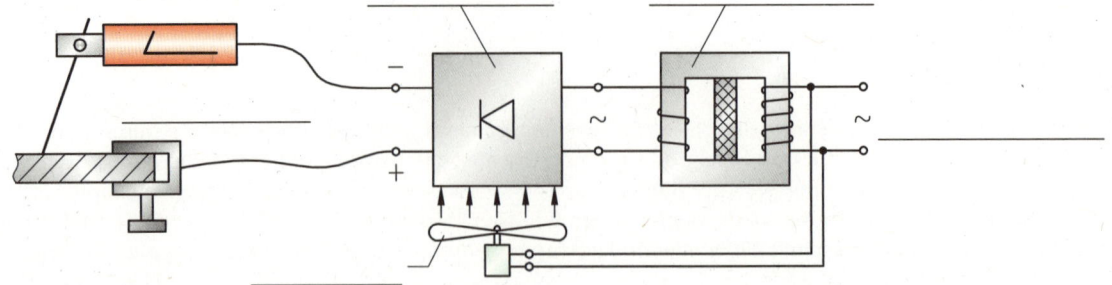

Der Schweißgleichrichter besteht aus einem Schweiß-_____ und einem _____, der erzeugt _____-Strom. Der Schweißgleichrichter besitzt – außer einem Ventilator zur _____ – keine beweglichen Bauteile. Es entstehen deshalb fast keine Verluste durch Leerlauf oder Abnutzung. Geräte, die für das Schweißen in engen Räumen zugelassen sind, tragen das Kennzeichen Ⓢ , früher Ⓚ .
Die zulässige Leerlaufspannung beträgt _____ V.

3. Schweißumformer

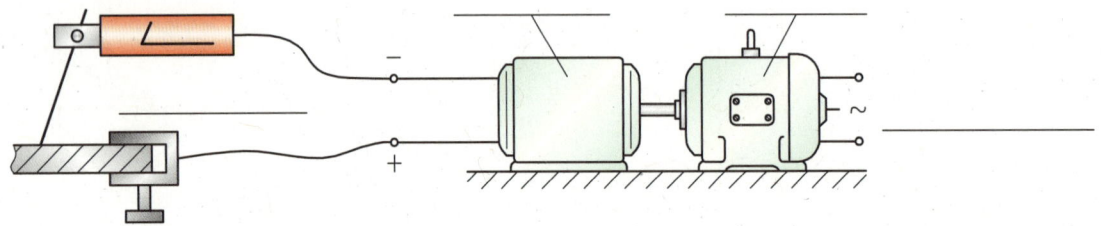

Der Schweißumformer besteht aus einem _____ und einem _____, der _____-Strom liefert. Durch die drehenden Bauteile entstehen Leerlaufverluste und _____-Belästigungen.
Die zulässige Leerlaufspannung beträgt _____ V.

4. Schweißaggregat

Das Schweißaggregat besteht aus einem Generator und einem _____-Motor. Diese Schweißmaschine liefert _____-Strom und ist netzunabhängig.
Die zulässige Leerlaufspannung beträgt _____ V.

5. Schweißinverter

Schweißinverter arbeiten mit sehr hohen Frequenzen. Dadurch können beim Verschweißen von Stabelektroden optimale Schweißbedingungen erreicht werden.

Vorteile des Schweißinverters:

1. Sehr gute Zünd- und Schweißeigenschaften
2. Gute Spaltüberbrückung
3. Erweitertes Schweißprogramm
4. Leise brennender Lichtbogen
5. Optimale Eignung für das Zwangslagenschweißen
6. Verringerung der Elektrodenkosten. Der Schweißstrom wird automatisch beim Verkleben der Elektrode mit dem Werkstück stark reduziert, die Elektrode kann leichter vom Werkstück ohne starke Umhüllungsabbrüche entfernt werden.
7. Kleine Baugröße des Schweißgeräts, geringes Gewicht
8. Hoher Wirkungsgrad

D. Polung an der Schweißmaschine

Schweißtemperatur am Pluspol ca. 4 200 °C, Schweißtemperatur am Minuspol ca. 3 600 °C.

E. Schweißstromkreis

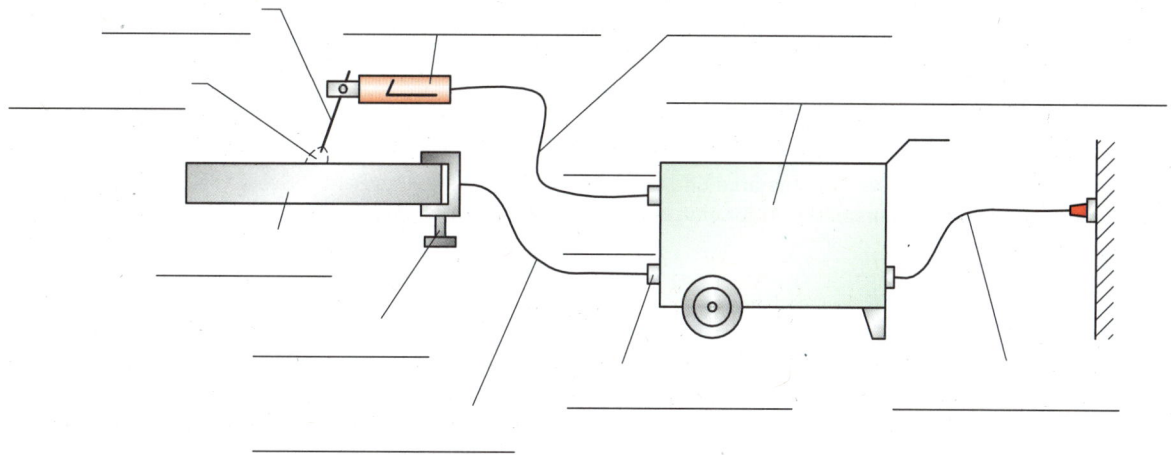

Aufgabe:

Zeichnen Sie den Schweißstromkreis farbig ein.

Benennen Sie die skizzierten Bauteile.

Schweiß- und Werkstückleitung sind einadrige isolierte _____ -Kabel. Der Querschnitt des Cu-Leiters ist abhängig von der Leiterlänge, von der max. Schweißstromstärke, vom spezifischen Widerstand des Leitermaterials und von der Einschaltdauer des Geräts.

F. Kennlinie eines Schweißgerätes

Jedes elektrische Schweißgerät hat einen einstellbaren Stromstärkenbereich und einen entsprechenden Schweißspannungsbereich. Diese Daten können durch Strom-Spannungs-Kennlinien dargestellt werden.

Strom-Spannungs-Kennlinie eines Schweißgeräts mit einer eingestellten Stromstärke von 200 A:

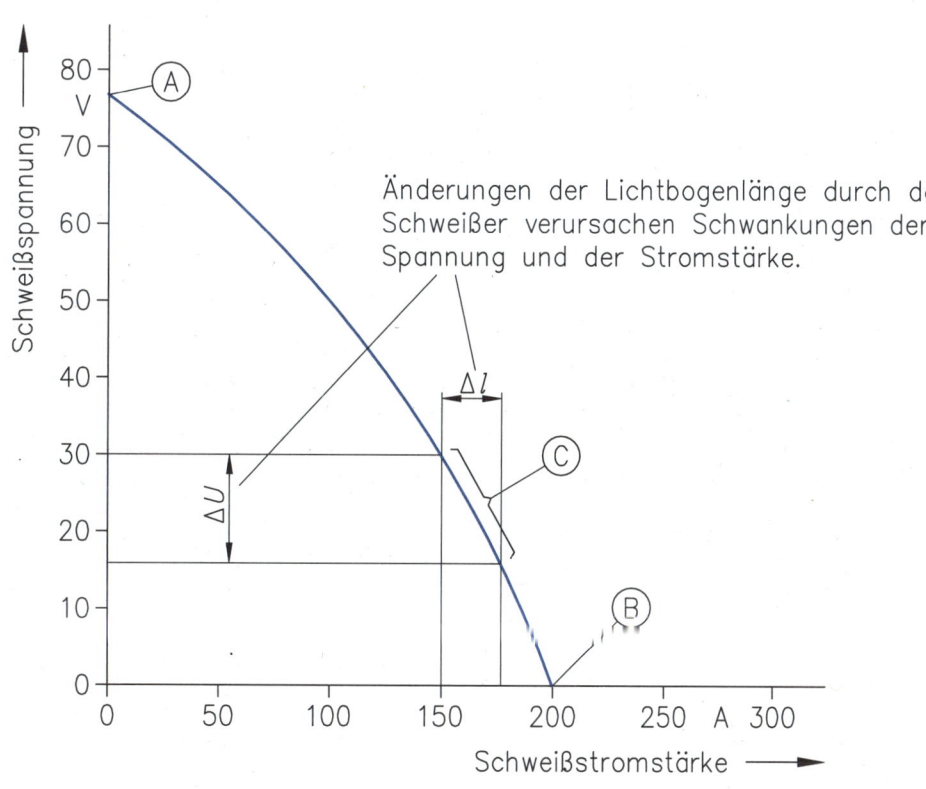

Änderungen der Lichtbogenlänge durch den Schweißer verursachen Schwankungen der Spannung und der Stromstärke.

(A) = Vor dem Zünden des Lichtbogens ist die Spannung (_____-Spannung) _____, die

Stromstärke _____ A. Die hohe Spannung wird zum Zünden des Lichtbogens benötigt.

(B) = Beim Zünden des Lichtbogens (_____) ist die Stromstärke _____, die

Spannung _____ V.

(C) = Nach dem Zünden wird die Elektrode beim Schweißen angehoben. Die Spannung _____, die

Stromstärke _____. Die richtige Lichtbogenlänge entspricht dem _____

_____.

Aufgabe:
Zeichnen Sie den Mittelwert der Stromstärke und der Spannung während des Schweißvorgangs in das Schaubild ein und bestimmen Sie den Arbeitspunkt (A) für eine eingestellte Stromstärke von 200 A.

Merke:
Der Arbeitspunkt (A) legt die Nennschweißspannung und den Nennschweißstrom fest. Beide Werte sind auf dem Leistungsschild des Schweißgeräts angegeben.

G. Lichtbogen

Durch kurzzeitige Berührung der Elektrode mit dem Werkstück entsteht ein Kurzschluss. An der Berührungsstelle tritt eine starke Erwärmung ein. Beim Zurückziehen der Elektrode wird die Luft zwischen Werkstück und Elektrode durch austretende Elektronen elektrisch leitfähig gemacht. Es bildet sich der Lichtbogen. Er entsteht sowohl beim Gleichstrom als auch beim Wechselstrom.

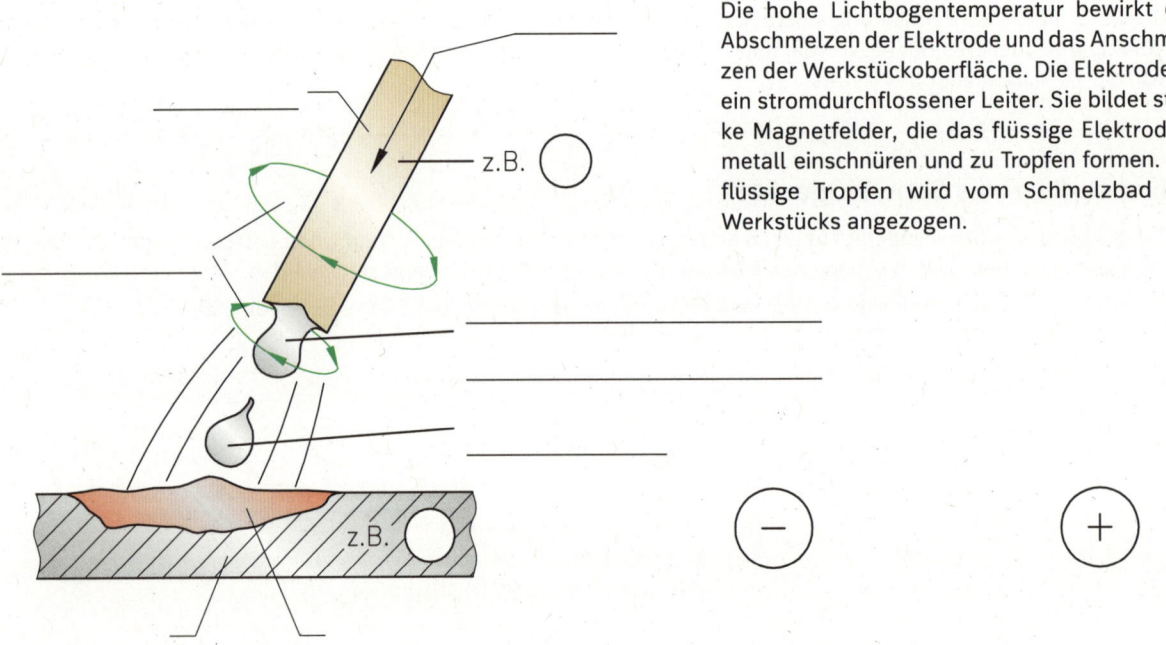

Die hohe Lichtbogentemperatur bewirkt das Abschmelzen der Elektrode und das Anschmelzen der Werkstückoberfläche. Die Elektrode ist ein stromdurchflossener Leiter. Sie bildet starke Magnetfelder, die das flüssige Elektrodenmetall einschnüren und zu Tropfen formen. Der flüssige Tropfen wird vom Schmelzbad des Werkstücks angezogen.

Schweißelektroden

A. Beschreibung

Elektroden sind stromführende, abschmelzende oder nicht abschmelzende Schweißzusätze.

B. Elektrodenarten

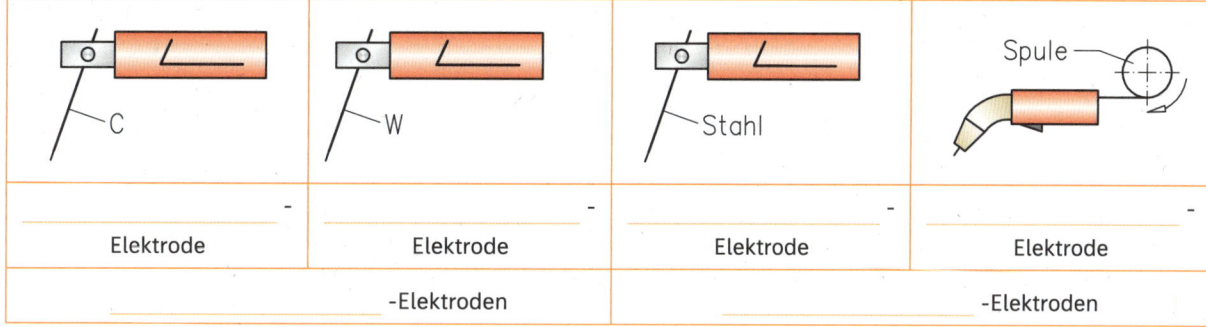

C	W	Stahl	Spule
_____ - Elektrode	_____ - Elektrode	_____ - Elektrode	_____ - Elektrode
_____ -Elektroden		_____ -Elektroden	

Welche Elektroden werden beim Metalllichtbogenhandschweißen verwendet?

_____

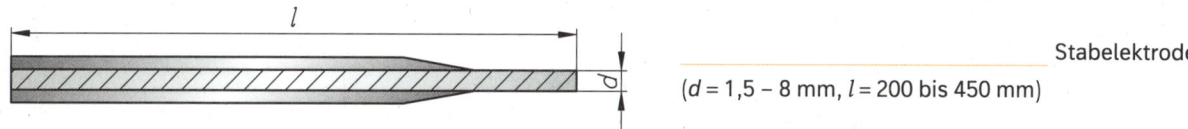

_____ Stabelektrode

($d = 1,5 - 8$ mm, $l = 200$ bis 450 mm)

Umhüllte Stabelektroden besitzen eine Hülle aus mineralischen und organischen Stoffen, Metalloxiden oder Metallpulver. Sie wird durch Tauchen oder Pressen aufgebracht. Die Umhüllung wird in zwölf Klassen eingeteilt.

Wir unterscheiden:

_____ Umhüllung	_____ Umhüllung	_____ Umhüllung
Klasse 1 und 2	Klasse 3 und 4	Klasse 5 bis 10
Gesamtdicke D = bis 120 % des Kerndurchmessers d	D = 120 % bis 155 % von d	D > 155 % von d

Hochleistungselektroden haben die Klassen 11 und 12. Elektroden müssen trocken gelagert werden.

C. Zweck der Umhüllung

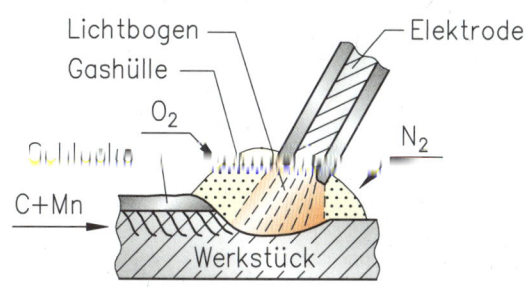

1. Beim Abbrennen der Umhüllung entsteht über dem Schmelzbad eine Gashülle. Nennen Sie die Aufgabe dieser Gashülle.

   _____

2. Die abbrennende Umhüllung bildet an der Schweißstelle eine schützende Schlacke. Welche Aufgabe hat diese Schlacke?

3. Die Umhüllung ersetzt durch stahlbegleitende Elemente herausgebrannte Stoffe, z. B. _____

4. Der Zwischenraum Elektrode – Werkstück wird stromleitfähiger.

Wichtige Kurzzeichen für die Umhüllung

Typ	Umhüllungsart	Eigenschaften	Zusammensetzung
A	_____	Hohe Abschmelzleistung, gute Schlackenentfernung, feintropfig, glatte Schweißnähte	Magnetit, Quarz, Kalkspat, Wasserglas
B	_____	Hohe Festigkeitswerte, für alle Positionen gut schweißbar, ungeeignet für Wechselstrom, großtropfig, risssicher	Flussspat, Kalkspat, Quarz
C		Für Zwangslagenschweißen, z. B. für Fallnähte gut geeignet, Rauchgasentwicklung, feintropfig	Zellulose
R	_____	Vielseitig anwendbar, gute Zündung, leicht verschweißbar, fein- bis mitteltropfig, Dünnblechschweißung	Titandioxid

RR = _____

Durch Mischen der Umhüllungstypen können Eigenschaften kombiniert werden, z. B.

RC = _____ – umhüllt; RA = _____ – umhüllt; RRB = _____ – dick umhüllt.

D. Bezeichnungsbeispiel einer Schweißelektrode für unlegierte Stähle ($R_e < 500\ N/mm^2$)

Stabelektrode 3,25 x 350 umhüllte Elektrode ISO 2560-A-E 50 3 1Ni RR 4 1 H10

3,25	Kerndraht- _____ mm	350	Kerndraht- _____ mm
A	Stabelektrode (garantierte Streckgrenze und Kerbschlagarbeit)		
E	Kurzzeichen für das Lichtbogenhandschweißen (_____)		
50	Mindeststreckgrenze _____ x 10 = _____ N/mm^2		
3	Kennzahl für die Kerbschlagarbeit des Schweißgutes (3 = 47 J bei –30 °C)		
1Ni	Chemische Schweißgutzusammensetzung (1 Ni = 1 % Ni)		
RR	Umhüllungstyp (RR = _____)		
4	Kennzahl für Ausbringung und Stromart (4 = 105–125 %, Gleichstrom)		
1	Kennzahl für die Schweißposition (1 = alle Positionen)		
H10	Kennzeichen für den Wasserstoffgehalt (H10 = 10 ml/100 g Schweißgut)		

Ergänzung: Wird der Elektrodenumhüllung bei der Herstellung Eisenpulver beigemischt, so kann man dadurch die Masse des Schmelzguts steigern = _____ .

E. Schadstoffe beim Schweißen (Auswahl)

Grundwerkstoff und Schweißzusatz	Schadstoffe	Schadstoffwirkung	Höchstzulässige Werte pro 1 m^3 Atemluft
Unlegiert	Rauchgase	lungenbelastend	MAK: 6 mg/m^3
Legiert	Rauchgase	lungenbelastend	MAK: 6 mg/m^3
	Chromzusatz	krebserregend	TRK: 0,2 mg/m^3
	Nickelzusatz	krebserregend	TRK: 0,5 mg/m^3
Elektrodenumhüllung	rutil (wenig Rauchgas)	geringe Lungenbelastung	–
	sauer (mittleres Rauchgas)	mittlere Lungenbelastung	–
	basisch (viel Rauchgas)	starke Lungenbelastung	MAK: 2,5 mg/m^3
	zellulose (sehr viel Rauchgas)	sehr starke Lungenbelastung	unbekannt

MAK = Maximale Arbeitsplatzkonzentration, TRK = Technische Richtkonzentration

Die Auswahl der Elektroden ist abhängig von:

_____

_____

Nahtformen und ihre Sinnbilder, Schweißpositionen, Schweißstöße
A. Nahtformen und ihre Sinnbilder

Schweißsinnbilder dienen der vereinfachten Darstellung in der Schweißtechnik. Maßgebend sind die neuesten Ausgaben der DIN-Blätter.

Aufgabe:

Benennen Sie die skizzierten Schweißnähte.

Ergänzen Sie die räumlichen Darstellungen durch Schweißsinnbilder.

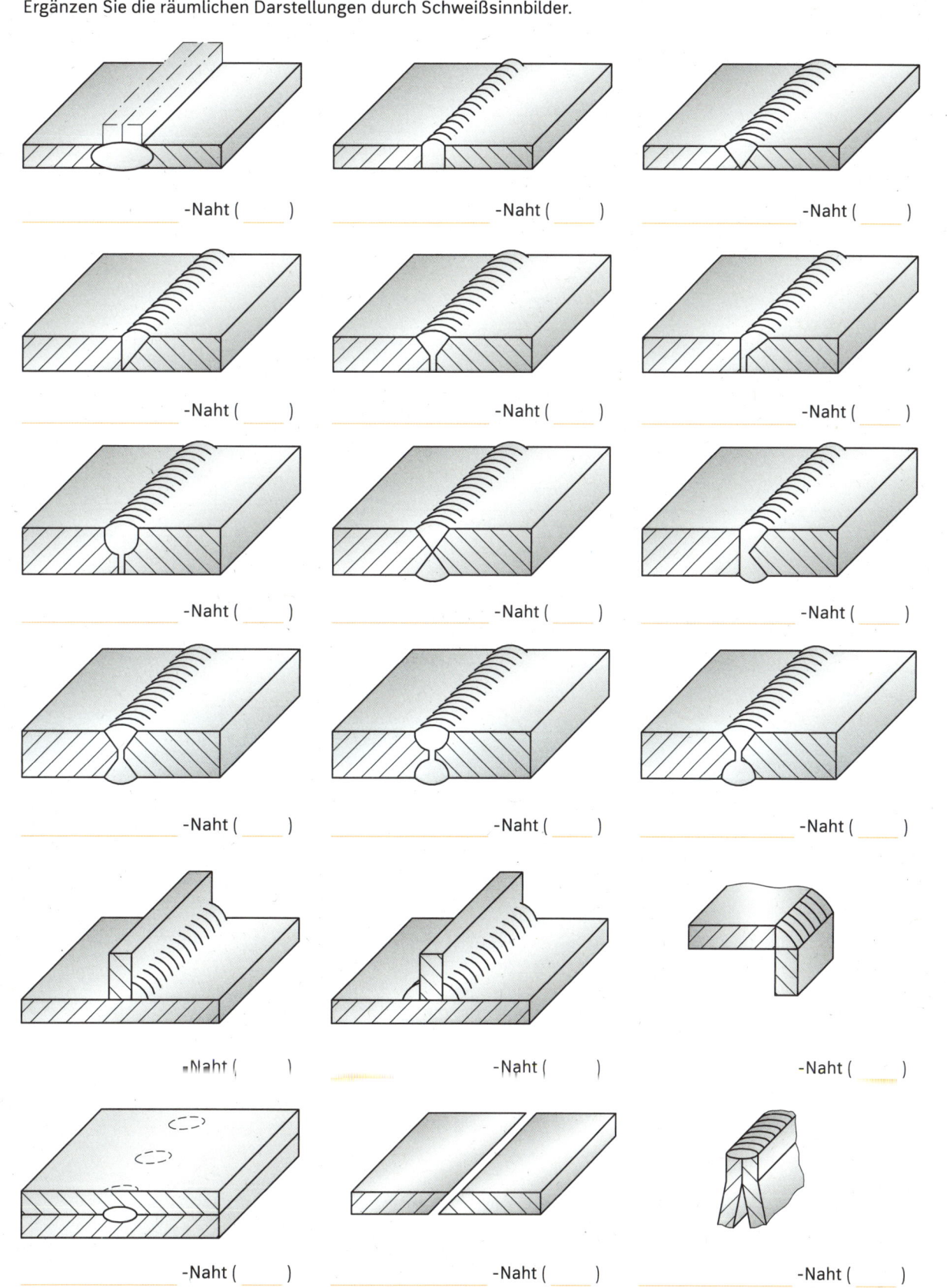

-Naht (   )   -Naht (   )   -Naht (   )

-Naht (   )   -Naht (   )   -Naht (   )

-Naht (   )   -Naht (   )   -Naht (   )

-Naht (   )   -Naht (   )   -Naht (   )

-Naht (   )   -Naht (   )   -Naht (   )

-Naht (   )   -Naht (   )   -Naht (   )

B. Schweißposition

Stumpf- und Kehlnähte sollen nach Möglichkeit immer in der Wannenlage geschweißt werden.
Welcher Fehler wird dadurch vermieden?

Benennen Sie die skizzierten Schweißpositionen.
Geben Sie das jeweilige Kurzzeichen an.

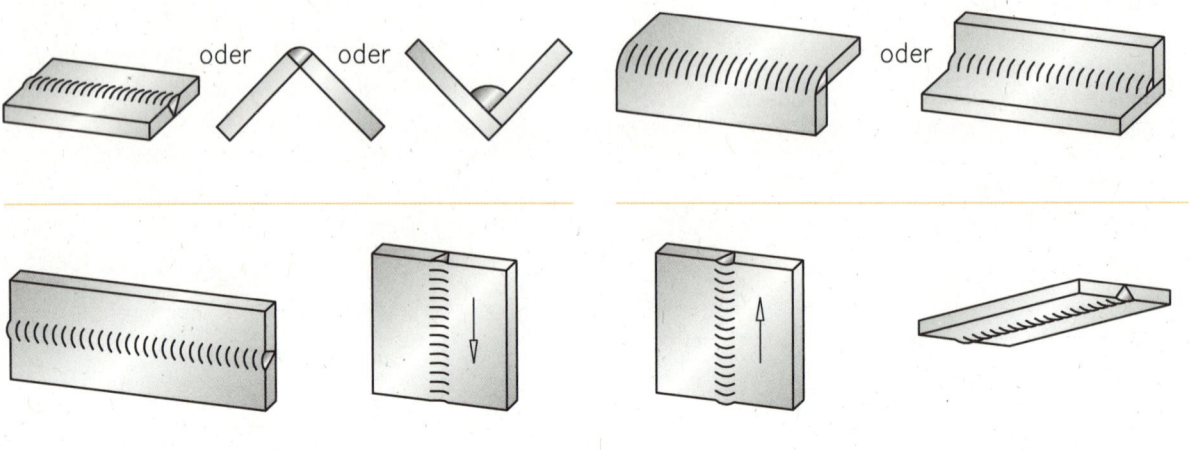

oder   oder   oder

C. Schweißstöße

Benennen Sie die skizzierten Schweißstöße.

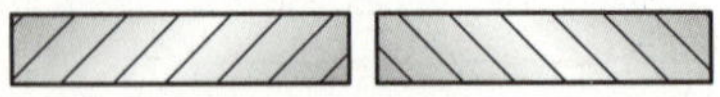

_____ -Stoß	_____ -Stoß	_____ -Stoß
_____ -Stoß	_____ -Stoß	_____ -Stoß
_____ -Stoß	_____ -Stoß	_____ -Stoß

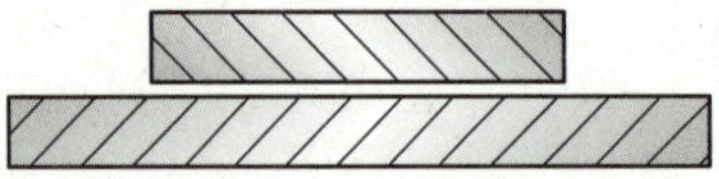

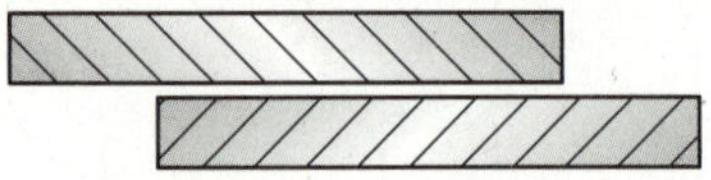

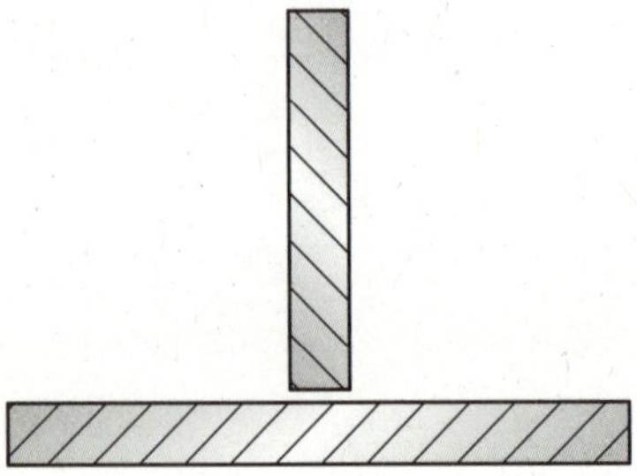

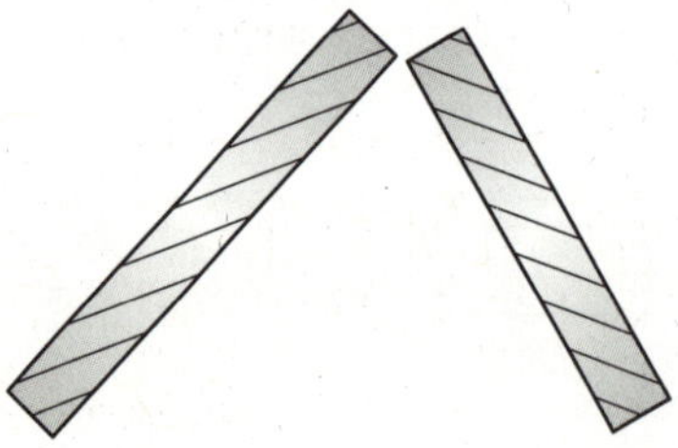

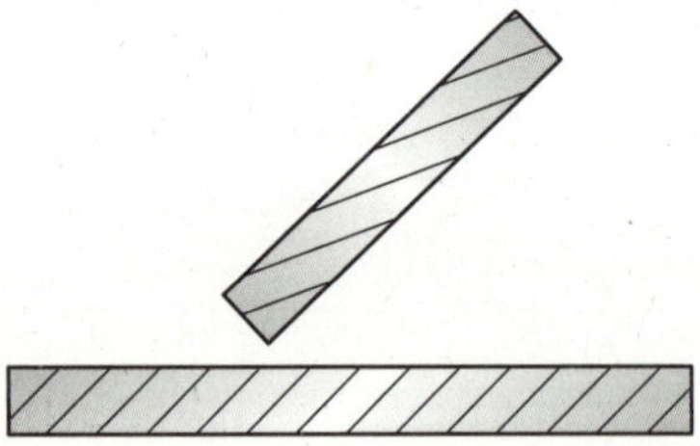

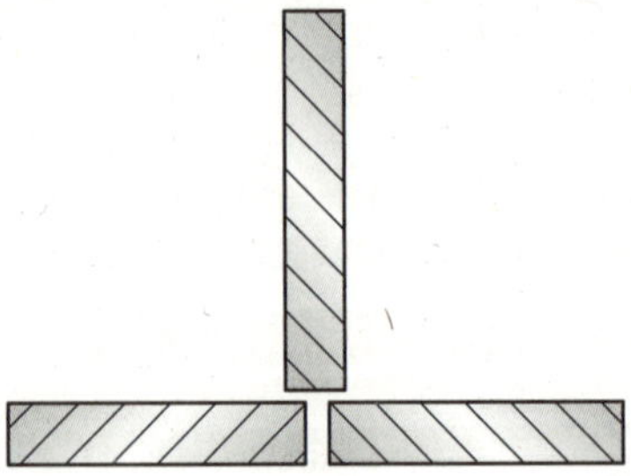

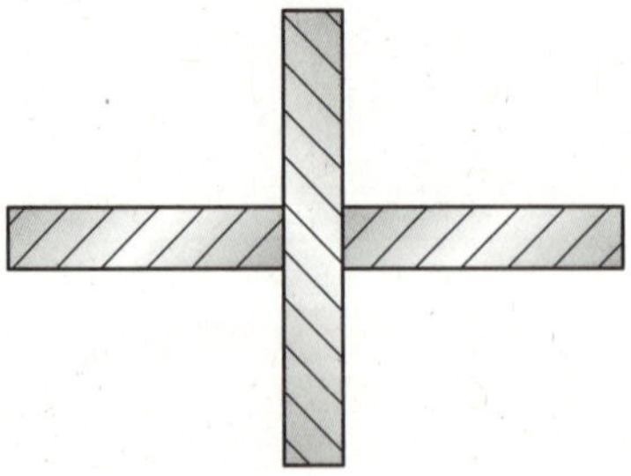

Arbeitsfolgen beim Lichtbogenschweißen

A. Vorbereitung der Schweißkanten

Wovon hängt die Form der Schweißfuge ab?

_____

Beispiele:

Flachstähle bis 4 mm Dicke $\longrightarrow$ _____

Flachstähle von 3 mm bis 10 mm Dicke $\longrightarrow$ _____

Flachstähle über 10 mm Dicke $\longrightarrow$ _____

Möglichkeiten der Formgebung:

_____

B. Säubern der Schweißstelle

Verunreinigungen (z. B. _____)
der Schweißstelle bewirken Schlackeneinschlüsse oder Poren in der Schweißnaht. Dadurch wird die Qualität und die Festigkeit der Schweißung beeinträchtigt.

Möglichkeiten für die Reinigung:

_____

C. Richten der Schweißteile

Unebene oder durch Brennschneiden verzogene Stahlbleche führen zu fehlerhaften Schweißungen. Sie müssen vor dem Schweißen ausgerichtet werden.

D. Heften der Schweißteile

Damit sich die Lage der Schweißteile beim Schweißen nicht verändern kann, müssen die Bauteile geheftet werden. Die Abstände der Heftstellen richten sich nach der Blechdicke und betragen 20 bis 100 mm.

E. Schweißstromstärke

Die Schweißstromstärke ist abhängig:

1. vom _____ $\longrightarrow$

2. vom _____ $\longrightarrow$ (z. B. EN ISO 2560-E 50 3 1Ni RR 41 H 10)

3. von der Dicke der _____ $\longrightarrow$ (dünn, mitteldick, dick)

4. von der _____ $\longrightarrow$

5. von der _____ $\longrightarrow$ (z. B. PA, PB, PG, PC)

Faustregel: Stromstärke (A) = Kerndrahtdurchmesser (mm) x 40

Welche Stromstärke ist für eine 3,25er Elektrode einzustellen?

_____

Dir richtige Stromstärke ist am Einbrand zu erkennen.

Aufgabe: Beurteilen Sie die folgenden Schweißnähte.

Schweißspritzer

Nahtform   _____   _____   _____

Einbrand   _____   _____   _____

Stromstärke   _____   _____   _____

F. Zünden des Lichtbogens

Der elektrische Lichtbogen wird durch Tupfen oder durch Streichen der Elektrode auf dem Werkstück gezündet. Der Schweißer muss die gezündete Elektrode ruhig, gleichmäßig und mit kurzem Abstand zur Werkstückoberfläche fortbewegen.

Aufgabe: Beurteilen Sie die skizzierten Lichtbogenlängen.

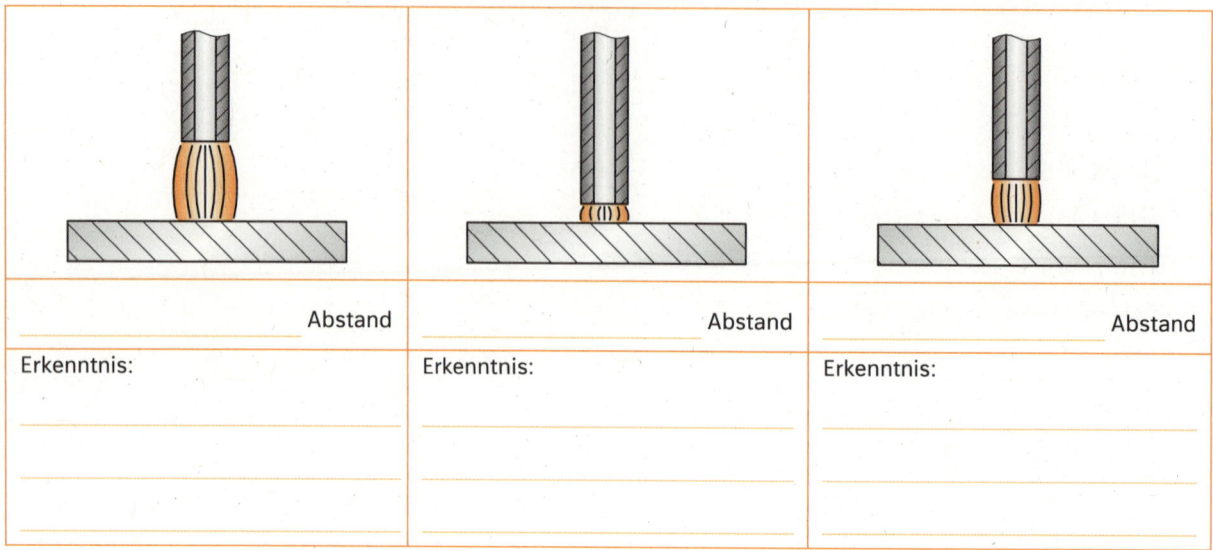

_____ Abstand	_____ Abstand	_____ Abstand
Erkenntnis:	Erkenntnis:	Erkenntnis:

G. Ablenkung des Lichtbogens

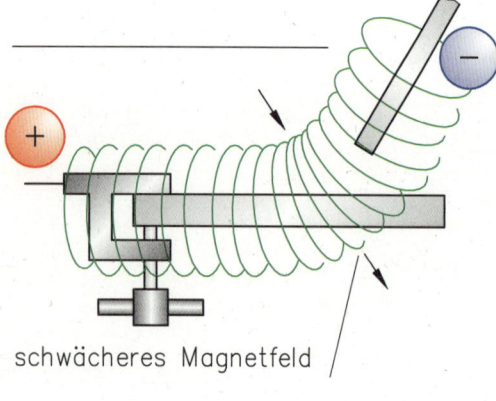

schwächeres Magnetfeld

Die Elektrode ist ein stromdurchflossener Leiter. Um ihn bildet sich ein elektromagnetisches Feld. Dadurch wird besonders bei der Gleichstromschweißung der Lichtbogen abgelenkt. Diese Erscheinung wird als „Blasen" bezeichnet.

Aufgabe:
Zeichnen Sie die Lichtbogenablenkung in die Skizze ein.

Gegenmaßnahmen:

H. Nahtaufbau

Aufgabe: Benennen Sie die skizzierten Raupenarten. Ordnen Sie die Zahlen den Nahtlagen zu.

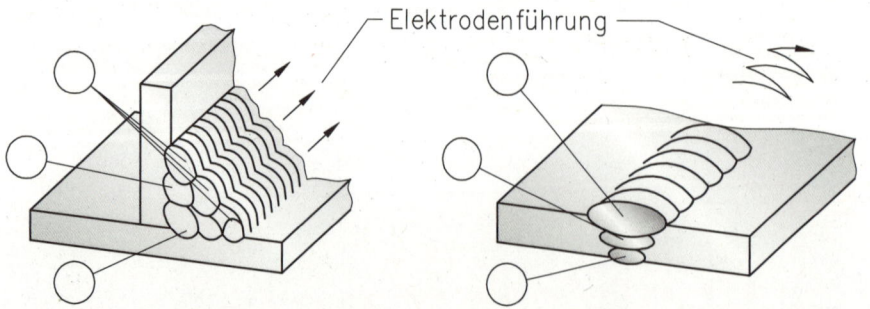

Elektrodenführung

① Wurzellage
② Fülllage
③ Decklage

Unfallgefahren und Unfallverhütungsmaßnahmen beim Schweißen

A. Elektrischer Strom – Wirkung auf den Menschen

Nicht nur die Netzspannung mit 230 V, sondern auch die geringen Schweißspannungen können bei Menschen tödlich wirken. Maßgebend ist die Stromstärke, die das menschliche Herz durchfließt. Stromstärken über 80 mA (0,08 A) können einen Herzstillstand herbeiführen.

Unfallverhütung

1. Bei allen Schweißarbeiten unbeschädigte und trockene Stulpenhandschuhe aus _____ benutzen!

2. Immer gut isolierende und ungenagelte Arbeits- _____ tragen!

3. Im Freien bei _____ keine elektrischen Schweißarbeiten ausführen!

4. Niemals bei eingeschalteter Schweißmaschine die Elektrode mit der ungeschützten Hand auswechseln!

5. Immer mit einwandfreien Schweiß- _____ und mit isolierten Elektrodenhaltern arbeiten!

6. Beim elektrischen Schweißen in feuchten Räumen oder auf gut leitenden Bauteilen (z. B. Stahlkessel) stets isolierende Unterlagen verwenden!

7. Vor dem Transport der Schweißmaschine immer den Netzstecker ziehen!

8. Feuchte oder stark durchschwitzte Arbeits- _____ wechseln!

9. Das Gehäuse der Schweißmaschine mit keiner Schweiß- _____ verbinden!

10. Den Elektrodenhalter immer in einer geeigneten _____ ablegen!

11. Die Schweißstrom-Rückleitung immer direkt am Werkstück _____ befestigen!

B. Lichtbogenstrahlung

Der elektrische Lichtbogen sendet Strahlen verschiedener Wellenlänge. Die unsichtbaren ultravioletten Strahlen bewirken

eine Entzündung des äußeren Auges und schädigen die Netzhaut = _____ .

Die sichtbaren Strahlen verblenden das Auge durch ihr grelles Licht. Die Infrarot-Strahlen können durch ihre Wärmestrahlung Verbrennungen auf der Haut hervorrufen.

Unfallverhütung

1. Elektrisches Schweißen darf, dem Schweißverfahren entsprechend, nur mit Schutz- _____ oder Schutz- _____ mit Schweißer-Schutzfiltern und Seitenschutz durchgeführt werden. Die Vorsatzscheiben müssen den Vorschriften entsprechen.

2. Mitarbeiter müssen durch Schutz- _____ oder _____ abgeschirmt werden.

3. Es darf nicht mit aufgekrempelten Ärmeln oder bloßem Oberkörper geschweißt werden.

4. Beim Schlackeentfernen muss man stets die _____ tragen.

C. Schweißabgase und Dämpfe – Wirkung auf die Atmungsorgane

Vor allem beim Schweißen mit umhüllten Elektroden entwickeln sich Schweißabgase, die zu Reizungen der oberen Luftwege und zu Gesundheitsschäden führen können. Giftige Dämpfe entstehen beim Schweißen von _____

_____ Stahlblech oder an Werkstücken mit _____ -haltigem Anstrich.

Unfallverhütung: Gase und Dämpfe müssen mit geeigneten Vorrichtungen _____ werden.

Merke: Auf keinen Fall darf zur Luftverbesserung _____ zugeführt werden. Glühende Werkstücke oder Funkenflug können Brände verursachen, deshalb _____

_____ .

D. Verhalten bei Unfällen

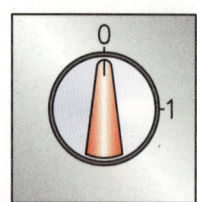

Gefahr beseitigen:
Strom ausschalten, z. B.

_____

_____

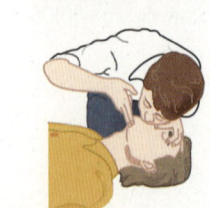

Bei Atemstillstand:

_____

_____

Hilfe herbeiholen:

_____

_____

1. Elektrische Anlagen und Betriebsmittel dürfen nur von zugelassenen Fachleuten errichtet, geändert oder instand gesetzt werden.

2. Zur Verhütung von Unfällen sind die Unfallverhütungsvorschriften der Berufsgenossenschaften und die VDE-Bestimmungen zu beachten.

E. Notruf

Welche wichtigen Angaben müssen Sie bei einem Notruf dem Rettungsdienst mitteilen?

1. _____

2. _____

3. _____

4. _____

5. _____

© Westermann Gruppe

Für eine Fügearbeit wurden 20 Stabelektroden verschweißt. Die Abschmelzzeit für eine Elektrode beträgt nach Tabellenbuch 90 s. Die verwendete Schweißmaschine hat eine Einschaltdauer (ED) von 60 %.

a) Berechnen Sie die gesamte Lichtbogenbrennzeit (in min).
b) Wie viel Minuten beträgt die gesamte Einschaltdauer?
c) Wie lange (in min) sind bei der genormten Einschaltdauer von 5 min die Lichtbogenbrennzeit und die Kühlzeit?

Geg.: _____

Ges.: a) Gesamte Lichtbogenbrennzeit
      b) Gesamte Einschaltdauer
      c) Lichtbogenbrennzeit und Kühlzeit in 5 min

a)   1 Elektrode ⟶ _____

      _____ Elektroden ⟶ _____ = _____

      = _____ gesamte Lichtbogenbrennzeit

b)   _____ % ≙ _____ min

     1 % ≙ _____ min

   _____ % ≙ = _____ min gesamte Einschaltdauer

c)   _____ % ≙ _____ min

     1 % ≙ _____ min

   _____ % ≙ = _____ min   -Zeit

                   _____ min   -Zeit

      bei _____ min Einschaltdauer

1. Aufgabe: Mit einer Schweißmaschine, Einschaltdauer 80 %, sollen 12 Stabelektroden mit 78 s Abschmelzzeit je Elektrode verschweißt werden.
Berechnen Sie (in min)
a) die gesamte Lichtbogenbrennzeit und
b) die Einschaltdauer für diese Schweißarbeit.

2. Aufgabe: Zum Schweißen eines schmiedeeisernen Gartenzauns wurden 21 Elektroden mit 80 s Abschmelzzeit verwendet. Die Einschaltdauer des Schweißgerätes beträgt 35 %.

Wie groß sind (in min)
a) die gesamte Lichtbogenbrennzeit,
b) die gesamte Einschaltdauer und
c) die Lichtbogenbrennzeit und die Kühlzeit in der auf 5 min genormten Gesamtzeit?

3. Aufgabe: Ein Schweißgerät mit 60 % Einschaltdauer war für eine Fügearbeit 1 h 10 min eingeschaltet. Dabei wurden Stabelektroden mit 72 s Abschmelzzeit je Stück verschweißt.

Berechnen Sie die gesamte Lichtbogenbrennzeit (in min), die gesamte Kühlzeit (in min) und die Anzahl der verschweißten Elektroden.

Kleben ist die Herstellung einer unlösbaren Verbindung von Bauteilen durch Oberflächenhaftung mithilfe eines Klebstoffs. Es können gleiche oder verschiedenartige Werkstoffe stoffschlüssig verbunden werden.

A. Aufbau

Klebstoffe sind Harze der Duoplaste.
Ordnen Sie den Kurzzeichen zu: Phenol-Harz, Polyester-Harz, Epoxid-Harz, Polyurethan-Harz.

_____ (PF)   _____ (PUR)

_____ (EP)   _____ (UP)

B. Klebstoffarten

Reaktionsklebstoffe (chemisch aushärtende Klebstoffe)

1. Warmkleber

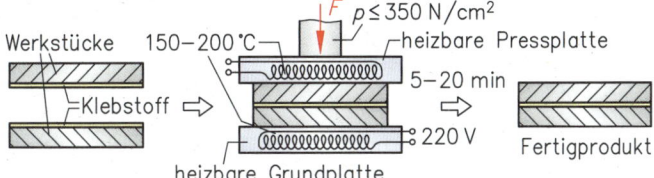

Vorteile: Hohe Festigkeit der Verbindung, kurze Aushärtungszeit

Nachteil: Hohe Kosten (heizbare Klebepresse, Wärmekammer)

2. Kaltkleber

a) Einkomponentenkleber
Welche Arbeitsstufen sind nötig?

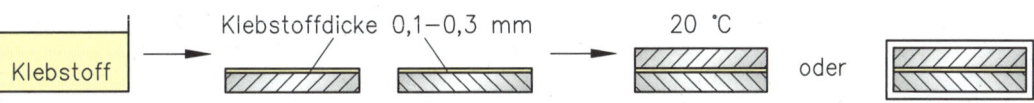

_____   _____   _____   _____

_____

b) Zweikomponentenkleber
Welche Arbeitsstufen sind notwendig?

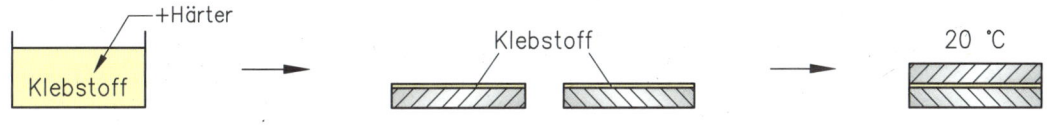

_____

Vorteil: Geringere Kosten. **Nachteil:** Lange Aushärtungszeit.
Merke: Das Mischungsverhältnis der Herstellerfirma ist zu beachten!

Gebräuchliche Klebstoffe und ihre Eigenschaften

Klebstoff	Phenolharz	Epoxidharz	Polyurethanharz	Polyimidklebstoff
Aushärtungs-temperatur	ca. _____ °C	ca. _____ °C	ca. _____ °C	ca. _____ °C
Klebstoffart	_____ kleber	_____ kleber	_____ kleber	_____ kleber
Aushärtungs-dauer	ca.	ca.	ca.	
Festigkeit	(ca. 45 N/mm^2)	(ca. 45 N/mm^2)	(ca. 15 N/mm^2)	(ca. 20 N/mm^2)
Temperatur-beständigkeit	(–50 bis +200 °C)	(–60 bis +80 °C)	(–180 bis +40 °C)	(–50 bis +200 °C, kurzzeitig bis +450 °C)

C. Herstellung einer Klebeverbindung

Ordnen Sie den Skizzen zu:
Spachtelauftrag, Dampfentfettung, Feinsandstrahlen, Pinselauftrag, Aufstreuauftrag, Schleifen, Tauchentfettung, Spritzauftrag, Fertigprodukt, Abbeizentfettung, Klebefolienauftrag, Abreibentfettung.

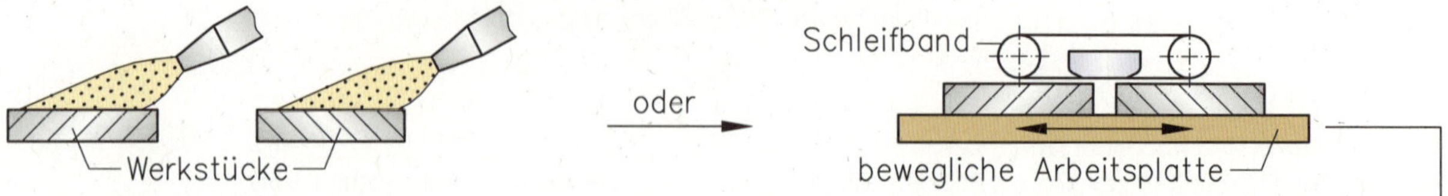

Werkstücke — oder — Schleifband / bewegliche Arbeitsplatte

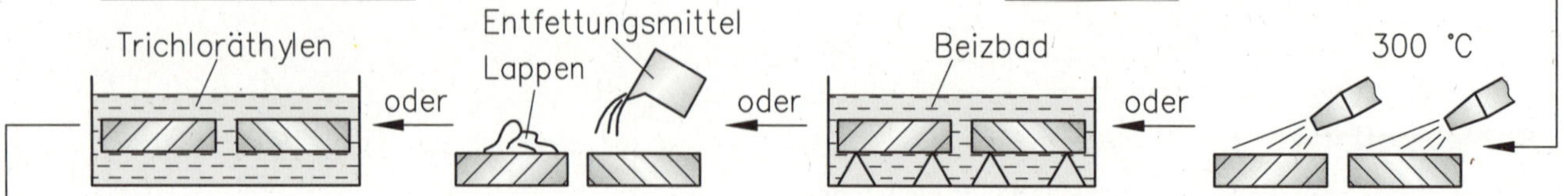

_____

Trichloräthylen — oder — Entfettungsmittel / Lappen — oder — Beizbad — oder — 300 °C

Merke: Chemisch vorbehandelte Fügeflächen dürfen nicht mit bloßen Händen berührt werden.

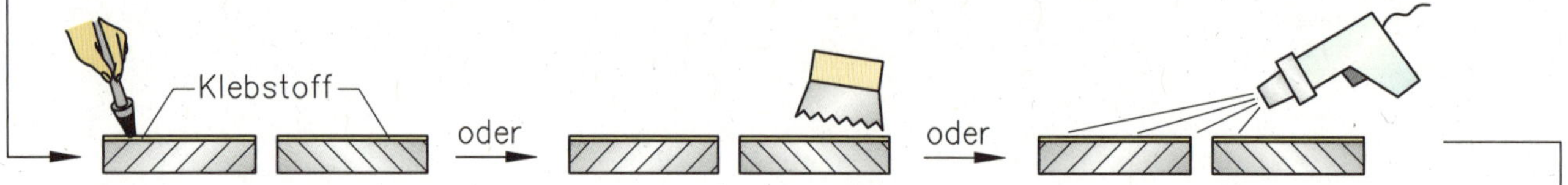

Klebstoff — oder — — oder —

Merke: Klebstoffe dürfen nur _____ –schichtig aufgetragen werden.

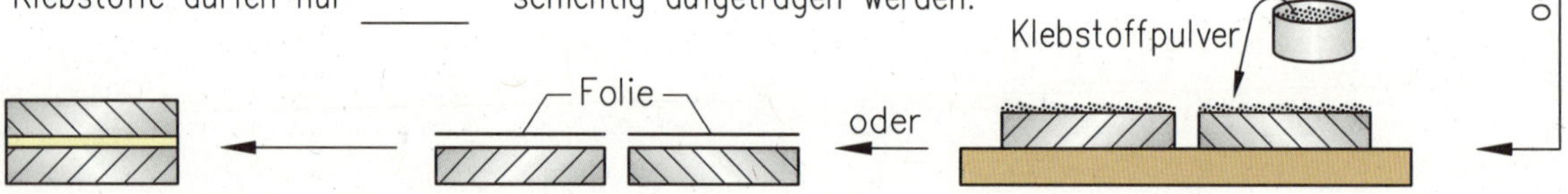

Folie — oder — Klebstoffpulver

Die Bauteile müssen gegen Verrutschen gesichert werden.

Merke: 1. Klebstoffdämpfe sind gesundheitsschädlich. Sorgen Sie für eine gute _____
_____

2. Schützen Sie sich durch _____

3. Bewahren Sie Klebstoffe und Härter in sicheren _____ auf.

4. Vermeiden Sie während des Klebens offenes _____ oder _____.

5. Waschen Sie Klebstoffspritzer in den Augen mit einer _____ aus. Augenarzt aufsuchen!

D. Klebeverbindungen

1. Flache Bauteile
Benennen Sie die skizzierten Klebeverbindungen.

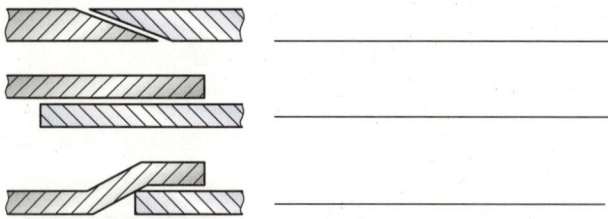

_____

_____

_____

_____

2. Rohre
Benennen Sie die skizzierten Klebeverbindungen.

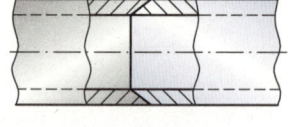

_____

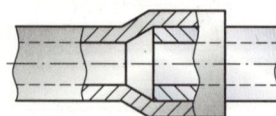

_____

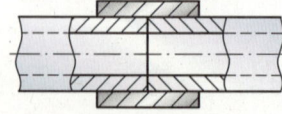

_____

A. Zeichnerische Darstellung von Kräften

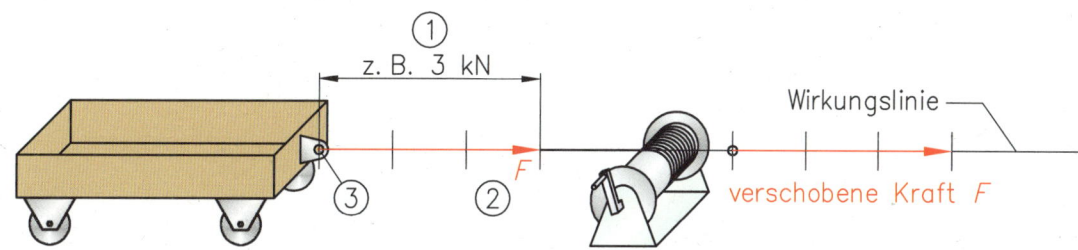

Um Kräfte zeichnen zu können, müssen bekannt sein:

① _____ der Kraft. Dazu muss ein geeigneter Kräftemaßstab (KM) gewählt werden.

   Im Beispiel 1 cm ≙ _____ kN.

② _____ der Kraft. Diese ist festgelegt durch die _____ und den Richtungs-

   pfeil. Kräfte lassen sich auf ihrer Wirkungslinie _____ .

③ Angriffspunkt der Kraft.

B. Kräfte auf gleicher Wirkungslinie

Bestimmen Sie durch Zeichnen und Rechnen die Ersatzkraft = _____ F .

Zwei Personen bewegen einen Wagen in die gleiche Richtung. A zieht mit 200 N, B mit 300 N.	Zwei Personen bewegen einen Wagen. A zieht mit 500 N nach rechts, B mit 200 N nach links.

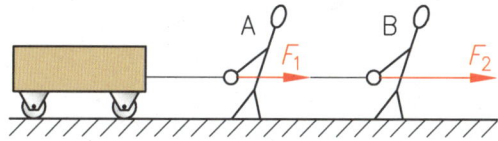
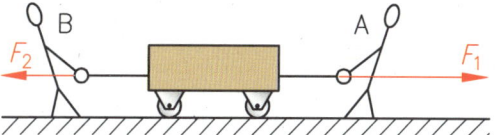

Zeichnerische Lösung	**Zeichnerische Lösung**
KM: 1 cm ≙ _____	KM: 1 cm ≙ _____
Teilkräfte:	Teilkräfte:
Resultierende:	Resultierende:
Ergebnis:	Ergebnis:
$F_R =$ _____ cm ≙ _____ N	$F_R =$ _____ cm ≙ _____ N
Rechnerische Lösung:	**Rechnerische Lösung:**
$F_n =$ _____	$F_R =$ _____
$F_R =$ _____	$F_R =$ _____
$F_R =$ _____	$F_R =$ _____

Das Minuszeichen vor F_2 gibt an, dass diese Kraft in

_____ wirkt.

C. Zusammensetzen von Kräften, deren Wirkungslinien sich schneiden

Bestimmen Sie für die Rollenstütze Richtung und Größe der resultierenden Kraft F_R.

Geg.: $F_1 = 3$ kN, $F_2 = 4$ kN

KM: 1 cm $\triangleq$ 1 kN

Ges.: F_R, Richtung von F_R

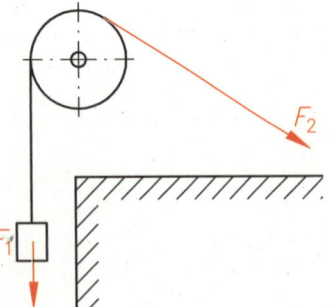

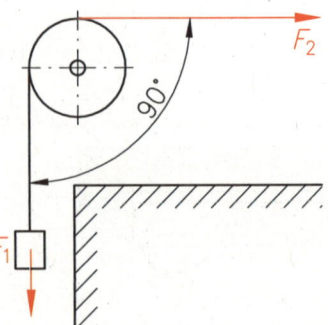

Für die Lösung müssen die beiden Kräfte F_1 und F_2

_____ verschoben werden. Die Figur heißt

_____ . Die Resultierende

ist die _____ dieses Kräfteparallelo-

gramms. Sie hat die gleiche Wirkung wie die Kräfte, aus

denen sie ermittelt wurde.

Ergebnis: $F_R =$ _____ cm $\triangleq$ _____ kN

Ergebnis: $F_R =$ _____ cm $\triangleq$ _____ kN

Schneiden sich die beiden Wirkungslinien unter 90°, so

entsteht ein _____ . Die Resultierende

ist wieder die _____ .

Diese kann mit dem Lehrsatz des

_____ berechnet werden:

$$F_R = $$

$F_R =$ _____

$F_R =$ _____

Zur gleichen Lösung kommt man, wenn die Einzelkräfte F_1 und F_2 nach Größe und Richtung aneinander gezeichnet werden:

Kräfteparallelogramm

Krafteck

Anwendung findet das Krafteck besonders dort, wo mehr als zwei Einzelkräfte wirken.

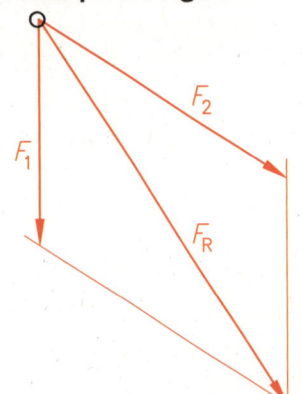

Die Resultierende F_R ist die Strecke zwischen _____ der 1. Kraft und _____ der letzten Kraft.

© Westermann Gruppe

D. Zerlegen von Kräften

Ermitteln Sie zeichnerisch die Größe der Kräfte F_1 und F_2 in den beiden Zugseilen.

KM: 1 cm ≙ 20 N

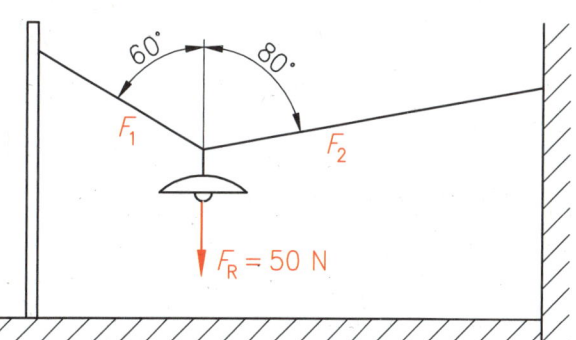

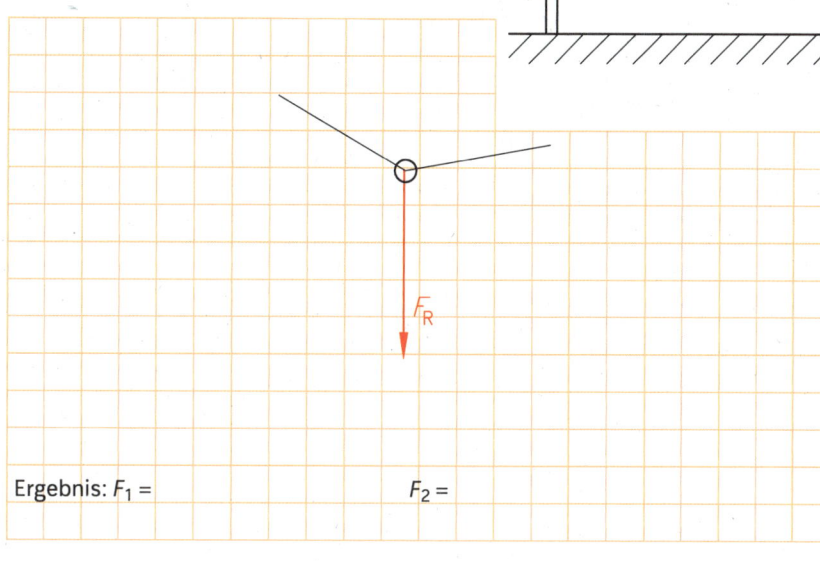

Ergebnis: $F_1 =$ $F_2 =$

Um die Aufgabe lösen zu können, müssen die _____ der Kräfte F_1 und F_2 bekannt sein. F_1 und F_2 sind die _____ des Kräfteparallelogramms.

1. Aufgabe: Welche Kräfte (in kN) treten in den beiden Stäben der skizzierten Terrassenüberdachung auf?

KM: 1 cm ≙ 1 kN

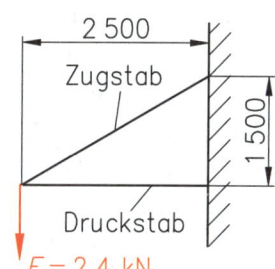

2. Aufgabe: Jede Zugstange der Anhängergabel kann maximal 8 kN aufnehmen. Wie viel kN darf dann die Zugkraft F sein?

3. Aufgabe: Auf eine Stütze wirken folgende Einzelkräfte: F_1 = 3 kN, F_2 = 4 kN, F_3 = 6 kN. Bestimmen Sie mithilfe eines Kraftecks die resultierende Kraft F_R.

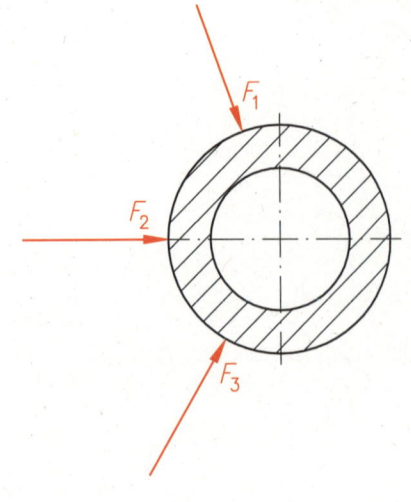

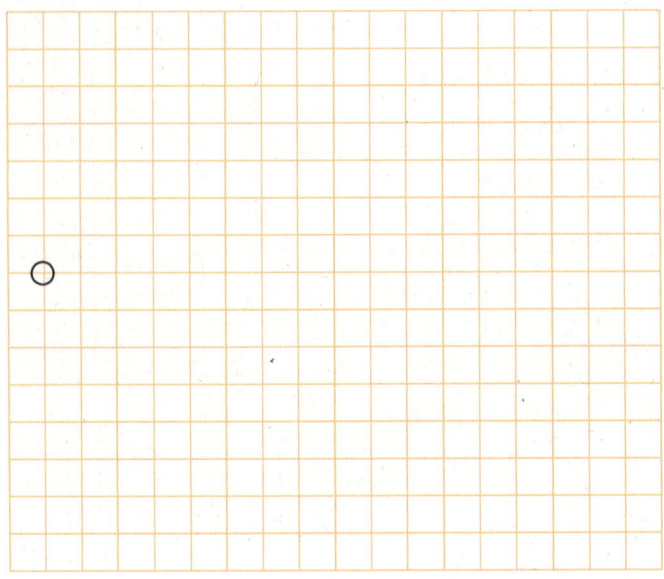

4. Aufgabe: Welche Gewichtskraft F_G (in kN) darf gehoben werden, wenn jedes Stahlseil mit höchstens 50 kN belastet werden darf? Lösen Sie die Aufgabe durch Zeichnung und Rechnung.

5. Aufgabe: Am Ende eines Gartentors wirkt eine Kraft F von 400 N (siehe Skizze). Wie groß (in N) sind die Zug- bzw. Druckkräfte in den Stäben 1 und 2?

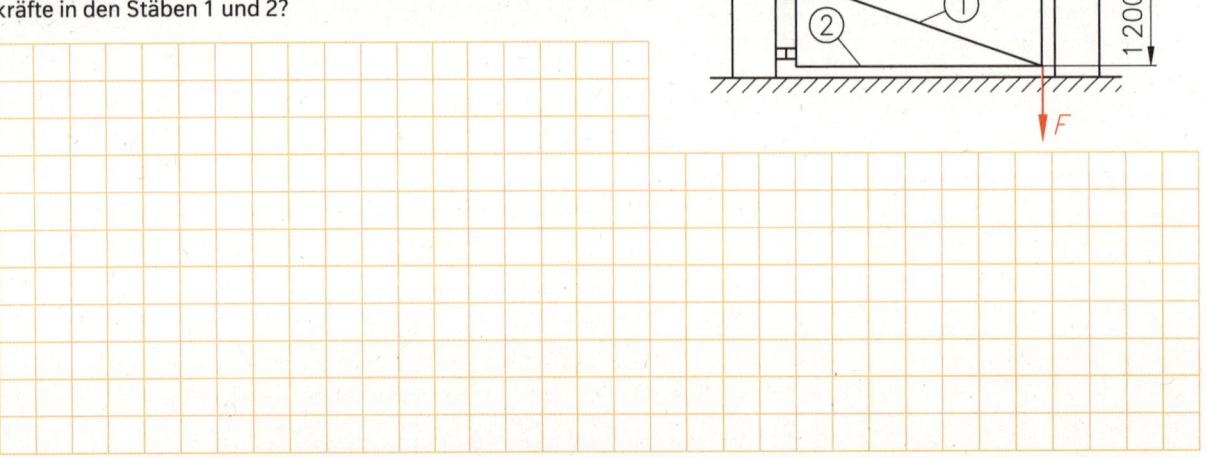

In der Physik wird die skizzierte Kurbel auch als _____ bezeichnet.

Eine Drehwirkung wird nur mit der Kraft _____ erzielt.

Diese Drehwirkung wird _____ ge-

nannt. Mit den anderen Kräften wird kein Drehmo-

ment erzielt, weil ihre _____

durch den Drehpunkt gehen.

Um ein Drehmoment zu erzeugen, sind daher zwei

Voraussetzungen notwendig:

– _____ (z. B. 300 N)

– _____ (= _____

Abstand der Wirkungslinie vom Drehpunkt)

Das Drehmoment wird umso größer, je _____ die Kraft und je _____ der Hebelarm ist.

$$M = \underline{\hspace{2cm}} \quad (\underline{\hspace{1.5cm}}) \quad \frac{\text{in} \underline{\hspace{1cm}}}{\text{in} \underline{\hspace{1cm}}}$$

1. Aufgabe: Die gezeichnete Kurbel wird mit der Kraft von 300 N bewegt. Der Hebelarm hat eine Länge von 20 cm. Berechnen Sie das Drehmoment (in Nm).

2. Aufgabe: Das maximale Drehmoment für die Zylinderkopfschrauben eines Kompressors ist mit 40 Nm angegeben.
a) Berechnen Sie die Kraft (in N) bei 160 mm wirksamer Schlüssellänge.
b) Wie lang (in mm) muss die Hebellänge sein, wenn nur 200 N Anzugskraft aufgebracht werden?

3. Aufgabe:

a) Wie groß ist das Drehmoment (in Nm), wenn die Kraft F_1 mit 200 N zugrunde gelegt wird?

b) Berechnen Sie das Drehmoment (in Nm), wenn F_2 wirkt und ebenfalls 200 N beträgt.

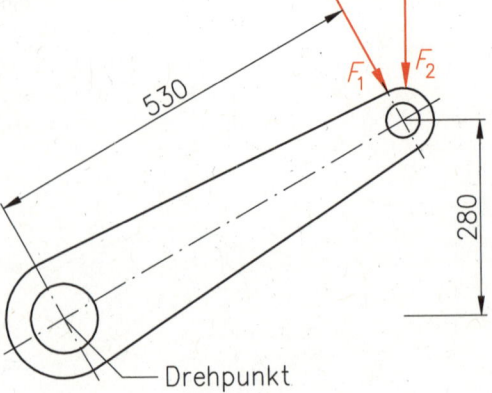

Drehpunkt

4. Aufgabe:

Ein Gartentor ist in A und B gelagert.

a) Welches Drehmoment (in Nm) tritt im Lager A auf?

b) Berechnen Sie die Lagerkraft (in N) in B.

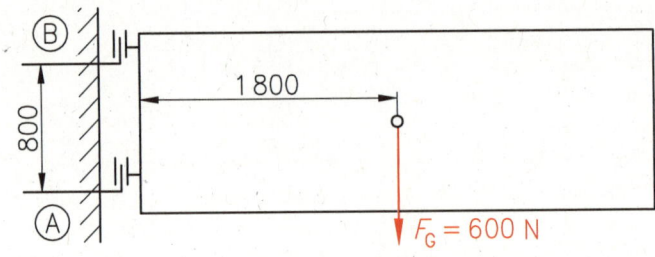

$F_G = 600 \text{ N}$

In einem Metallbaubetrieb werden 700 Stahlbolzen mit einer Länge von $30 \pm 0,1$ hergestellt. 4 % der Bolzen werden einer Stichprobe unterzogen.
Berechnen Sie die Anzahl der zu prüfenden Werkstücke.

_____

_____

_____

1. Urliste

Prüfteil-Nr.	Prüfmaß: _____						
bis							
bis							
bis							
bis							

2. Strichliste

a) **Klassenanzahl k**

$k = \sqrt{n}$; n = Anzahl der Prüfwerkstücke; $k = \underline{\quad}$; $k = \underline{\quad}$; $k \approx \underline{\quad}$

b) **Spannweite R**

$R = x_{max} - x_{min}$; Aus Urliste: x_{max} ist größter, x_{min} ist kleinster Messwert; $R = \underline{\qquad}$; $R = \underline{\quad}$

c) **Klassenbreite W**

$W = \underline{\quad}$; $W = \underline{\quad}$; $W = \underline{\qquad}$

d) Tragen Sie die Messwerte in die Tabelle ein. Beginnen Sie mit dem kleinsten Messwert und vergrößern Sie ihn jeweils um die errechnete Klassenbreite W.

Klassenanzahl-Nr.	Messwerte		Strichliste	absolute Häufigkeit	relative Häufigkeit (%)
	$\geq$	$<$			
		Summe			

e) **Relative Häufigkeit in %**

3. **Balkendiagramm**
   Zeichnen Sie die Länge der Bolzen in Abhängigkeit von der absoluten Häufigkeit als Balkendiagramm.

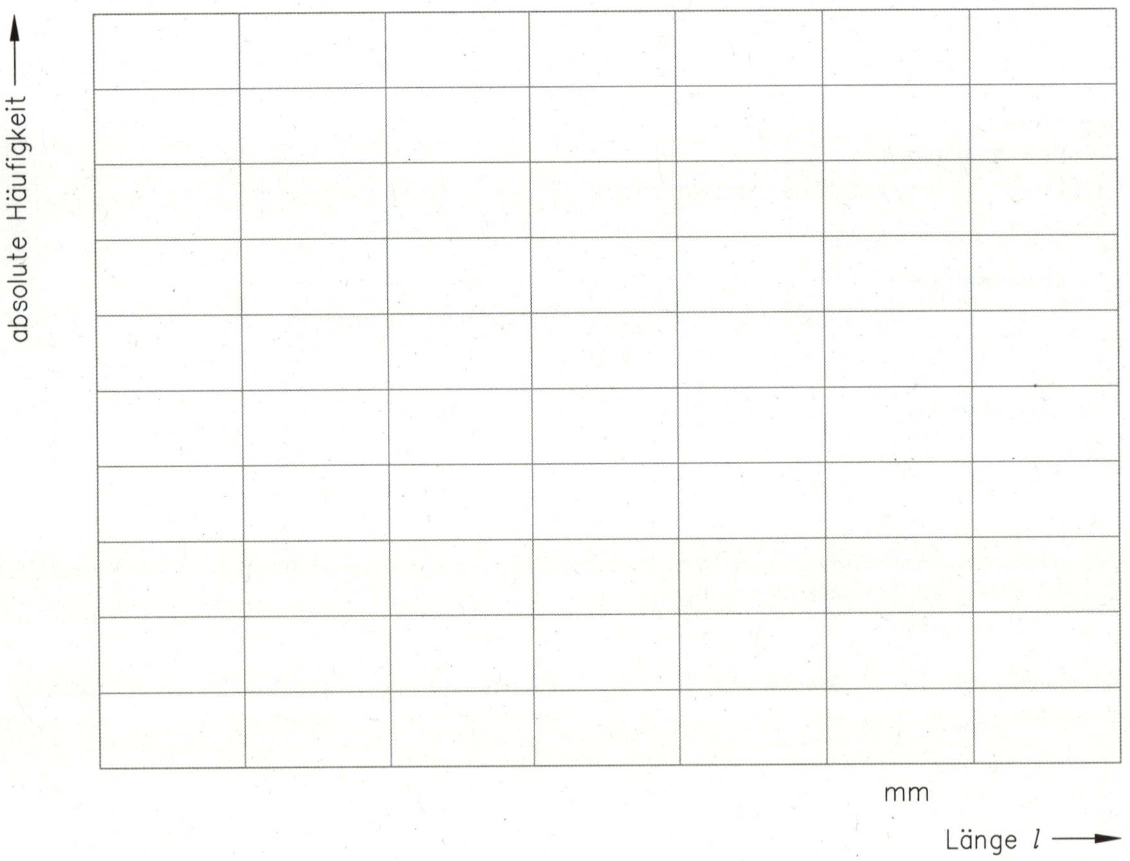

absolute Häufigkeit →

mm

Länge l →

Berechnen Sie vom skizzierten Werkstattkran den Winkel α.

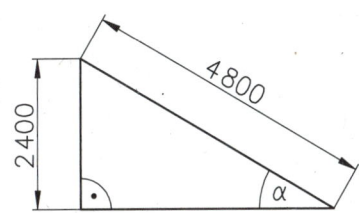

A. Bezeichnungen im rechtwinkeligen Dreieck

Vom Lehrsatz des Pythagoras kennen Sie die Bezeichnungen im rechtwinkeligen Dreieck.

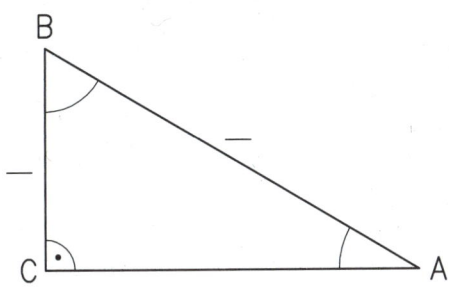

$a, b =$ _____ (bilden den rechten Winkel)

$c =$ _____ (längste Seite im rechtwinkeligen Dreieck, liegt dem rechten Winkel gegenüber)

Vom Winkel α aus betrachtet:

$a =$ _____

$b =$ _____

Vom Winkel β aus gesehen:

$a =$ _____

$b =$ _____

B. Sinusfunktion

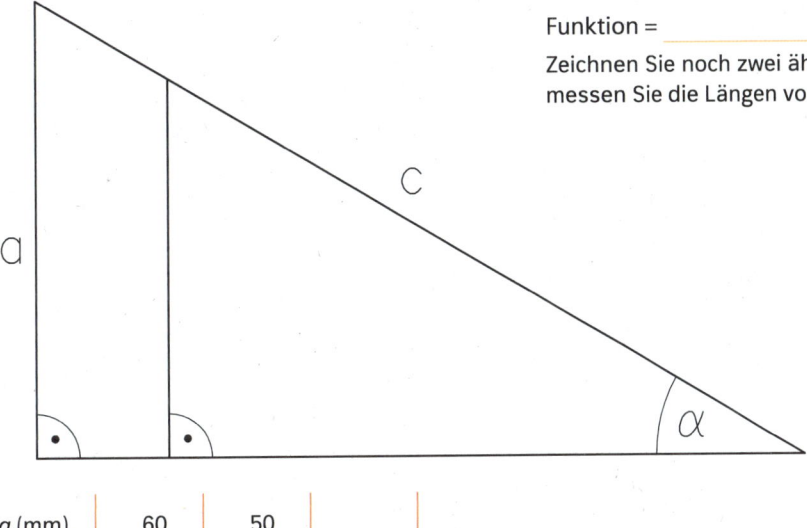

Funktion = _____

Zeichnen Sie noch zwei ähnliche rechtwinkelige Dreiecke ein und messen Sie die Längen von Gegenkathete und Hypotenuse.

a (mm)	60	50		
c (mm)	120	100		

Berechnen Sie das Ergebnis der Teilung $a : c$ aller Dreiecke.

$\dfrac{a}{c} =$ _____

Erkenntnis: _____

_____

_____

Das Ergebnis dieser Teilungen wurde in Tabellen und im Taschenrechner festgehalten und heißt Sinus des Winkels.

$\sin \alpha = 0{,}5 \longrightarrow \alpha =$ _____ °

$\sin =$ _____

C. Tangens- und Cosinusfunktion

tan =

cos =

D. Aufgaben

1. Berechnen Sie vom skizzierten Regalträger das fehlende
   Maß (in mm).

   Geg.:

   Ges.:

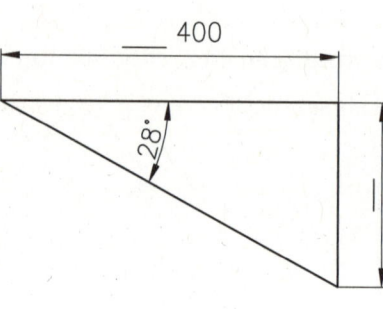

   Mit den Winkelfunktionen können nicht nur Winkel berechnet werden!

2. Ein schmaler Formstahl I 240 wird unter einem Winkel von 50° abgeschrägt.
   Wie lang (in mm) ist die Schnittlänge?

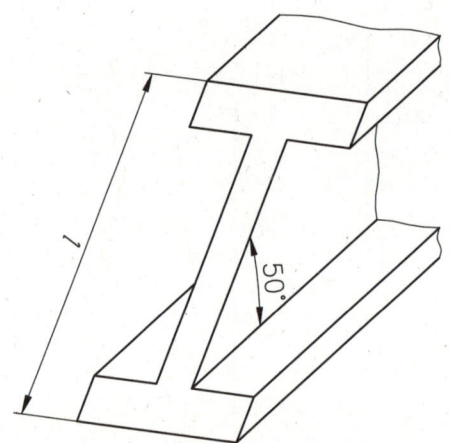

3. Ein Tor (620 x 418 mm) wird diagonal versteift.
   Berechnen Sie den Winkel α.

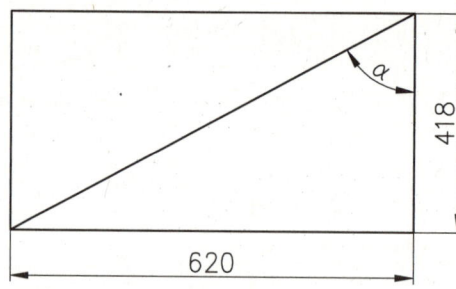

A. Regeln der Temperatur eines elektrisch beheizten Glühofens

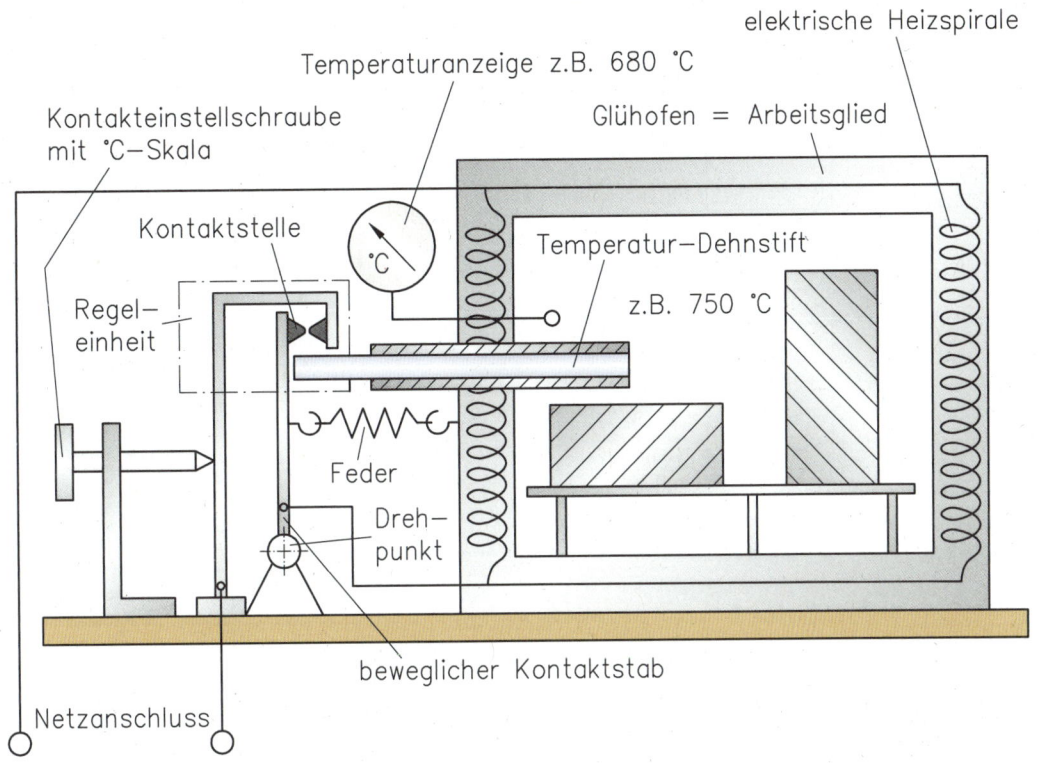

1. Im Beispiel wird die Glühofen-_____ geregelt; es ist die Regel-_____.

2. Die Glühofentemperatur soll 750 °C betragen; dieser Wert heißt _____-Wert. Er kann an der Kontaktein-stellschraube, dem Sollwert-_____, eingestellt werden.

3. Die tatsächliche Glühofentemperatur beträgt jedoch 680 °C; es handelt sich um den _____-Wert.

4. Dieser wird vom Temperatur-Dehnstift, dem Temperatur-_____ (= Messglied), erfasst und an den beweglichen Kontaktstab weitergegeben.

5. Sollwert und Istwert werden in der Regeleinheit miteinander verglichen. Im Beispiel wird eine Abweichung von _____ °C festgestellt.

6. Diese Abweichung kann durch Wärmeabgabe an das Werkstück oder durch Wärmeübertragung an den Raum ent-standen sein; es handelt sich um _____-Größen.

7. Die Abweichung von 70 °C muss beseitigt werden. Der bewegliche Kontaktstab schließt die Kontaktstelle; es fließt Strom (= _____-Größe), die Heizspiralen heizen sich erneut auf.

8. Ist der Sollwert von _____ °C erreicht, findet der umgekehrte Vorgang statt; die Kontakte öffnen sich, der Stromkreis wird unterbrochen, die Heizung schaltet sich ab.

Eine Regelung spielt sich immer _____ -förmig ab.

Fühlen ⟶ Vergleichen ⟶ Berichtigen ⟶

Dieser Regelkreis kann vereinfach dargestellt werden:

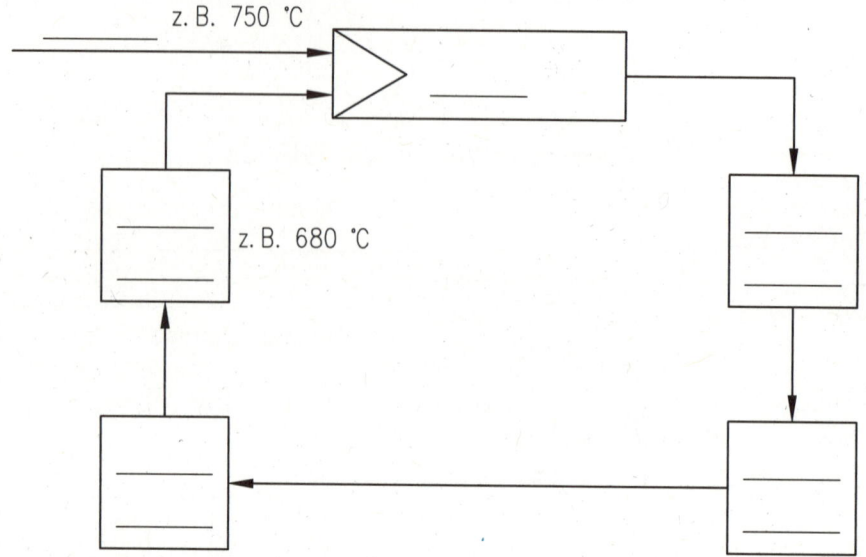

z. B. 750 ℃

z. B. 680 ℃

B. Steuern eines gasbeheizten Glühofens

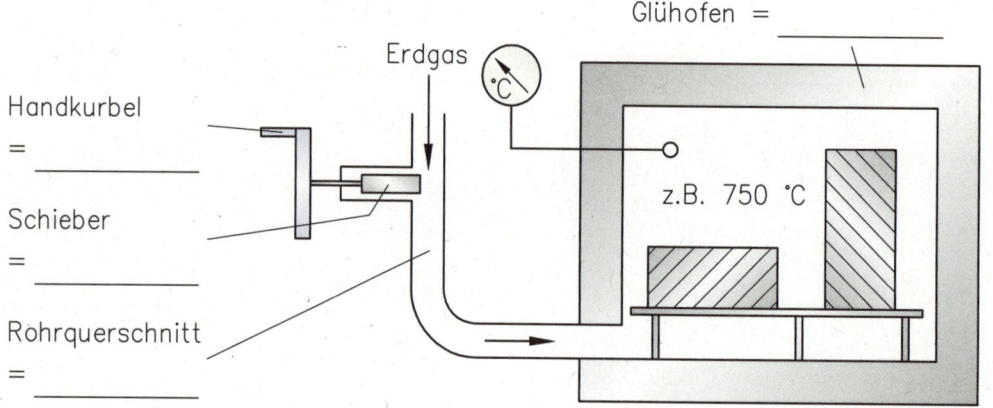

Glühofen = _____

Erdgas

Handkurbel

= _____

Schieber

= _____

Rohrquerschnitt

= _____

z.B. 750 ℃

Durch Öffnen oder Schließen des Schiebers wird der Rohrquerschnitt (= _____ -Größe) verändert und mehr oder weniger Erdgas dem Glühofen zugeführt. Dadurch kann die Temperatur des Glühofens gesteuert werden.

Im Gegensatz zur Regelung ist hier der Kreis _____ :

Fühlen ⟶ Vergleichen ⟶ Berichtigen

Diese Steuerkette kann vereinfach dargestellt werden:

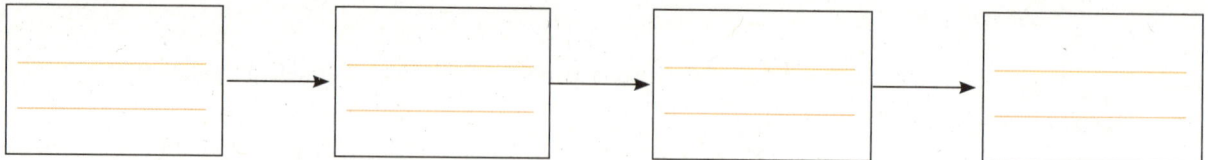

Nachteil: Störungen (z. B. Öffnen der Ofentür und dadurch Temperaturabfall) _____

_____

_____

Nennen Sie noch andere Steuer- oder Regelgrößen.

_____

_____

Energieträger in Steueranlagen

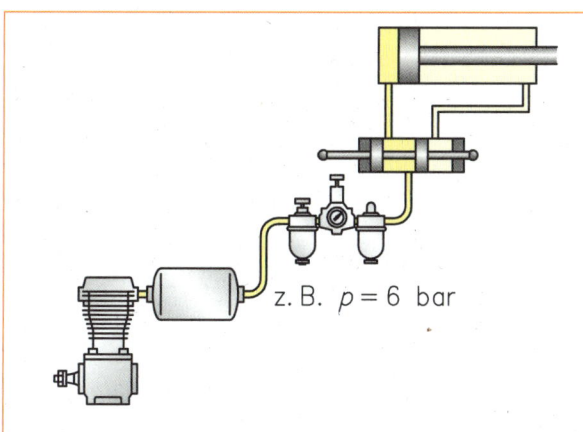

z. B. $p = 6$ bar

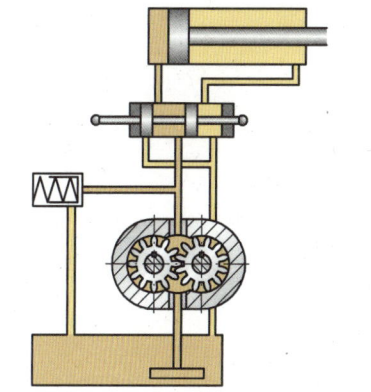

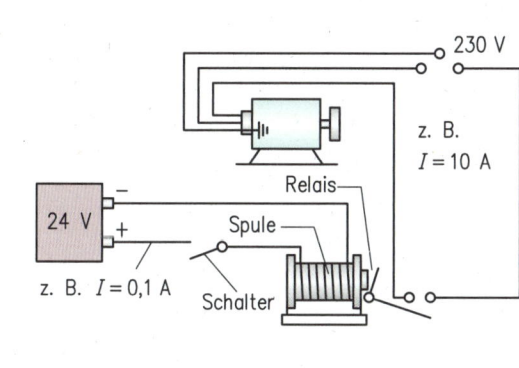

230 V

z. B. $I = 10$ A

Relais

24 V

Spule

z. B. $I = 0,1$ A   Schalter

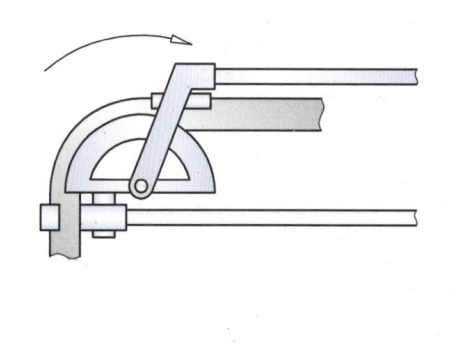

A. Luft

Das Steuern mit Druckluft heißt auch _____ .

Messgerät: _____ , z. B. _____ = 6 _____

1. Eigenschaften

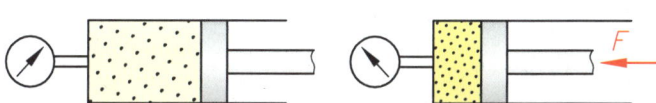

F

Gase lassen sich _____
zusammendrücken oder

_____ .

2. Vor- und Nachteile

Vorteile

_____
_____
_____
_____
_____

Nachteile

_____
_____
_____
_____
_____

3. Anwendung

_____
_____

© Westermann Gruppe

B. Öl

Das Steuern mit Flüssigkeiten, z. B. Öl, heißt _____ .

Messgerät: _____ , z. B. _____ = 20 _____

1. Eigenschaften

Flüssigkeiten lassen sich _____ zusammendrücken.

Der Druck breitet sich in Flüssigkeiten _____ aus,

an jeder Stelle herrscht _____ .

2. Vor- und Nachteile

Vorteile   Nachteile

_____   _____

_____   _____

_____   _____

_____   _____

_____   _____

3. Anwendung

_____

_____

C. Elektrische Energie

1. Eigenschaften

Übertragung mit _____ -Geschwindigkeit (300 000 km/s).

Messgerät: _____ , z. B. _____ = 3 _____

2. Vor- und Nachteile

Vorteile   Nachteile

_____   _____

_____   _____

_____   _____

3. Anwendung

_____

_____

D. Mechanische Energie

Messgerät: _____ , z. B. _____ = 200 _____

1. Vor- und Nachteile

Die Vor- und Nachteile hängen wesentlich von der Baugröße und dem jeweiligen Verwendungszweck ab. So hat eine einfache Biegezange wesentlich weniger, aber auch andere Nachteile als ein Getriebe.

Vorteile   Nachteile

Unabhängig von anderen Energiearten,   z. B. Getriebe: _____

z. B. von _____

_____

2. Anwendung

Feder- oder gewichtsbelastete Steuerungen, z. B. _____

_____

Wirkungsweise einfacher pneumatischer Steuerungen

A. Öffnen eines Schiebetors

Zeichnen Sie mit Pfeilen den Weg der Druckluft ein.

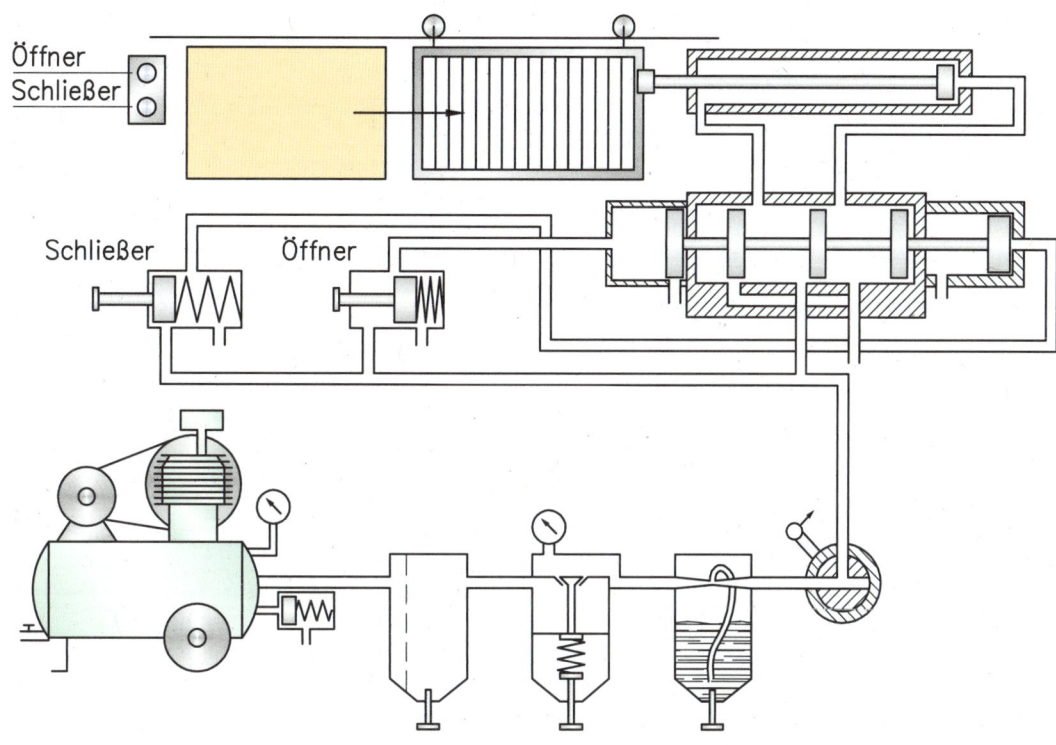

B. Schließen eines Schiebetors

Zeichnen Sie die Kolbenstellungen der Bauteile 1 bis 4 ein, geben Sie auch hier den Druckluftweg an.

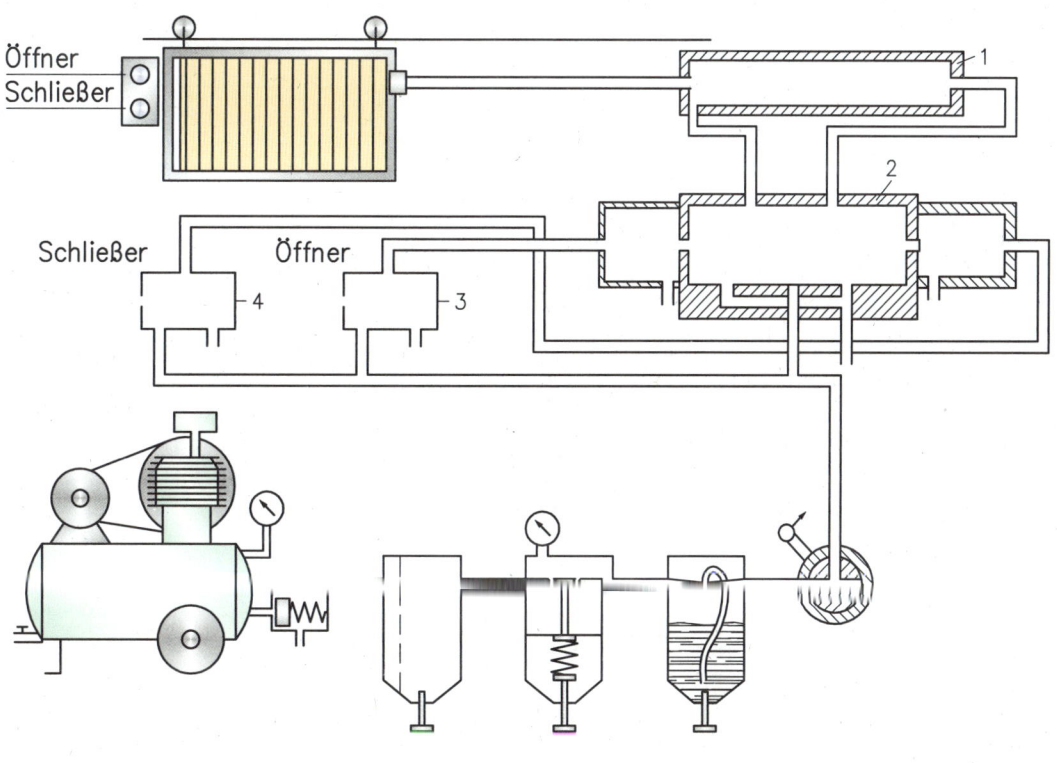

Bauteile und Sinnbilder pneumatischer Steuerungen

A. Druckquelle

Zu ihr gehören: _____

_____

Der _____ ⊖ saugt Luft über den _____ ◇ aus der Umgebung an,

verdichtet die gereinigte Luft auf 10 bis 15 bar und speichert sie im _____ ⬭ .

Ist der Höchstdruck erreicht, wird der _____ Ⓜ ausgeschaltet. Ein Druckbegrenzungs-

ventil schützt die gesamte Anlage vor zu hohem Druck.

Sinnbild aller Glieder einer Druckquelle:

1. Verdichterbauarten (Auswahl)

a) Kolbenverdichter

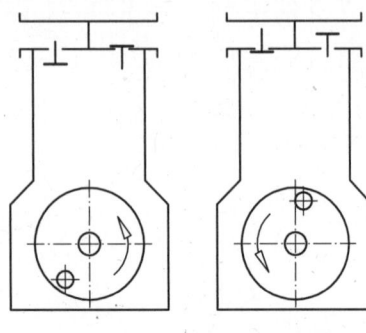

Ansaugen   Verdichten

Zeichnen Sie die Kolbenstellung ein.

b) Rotationsverdichter

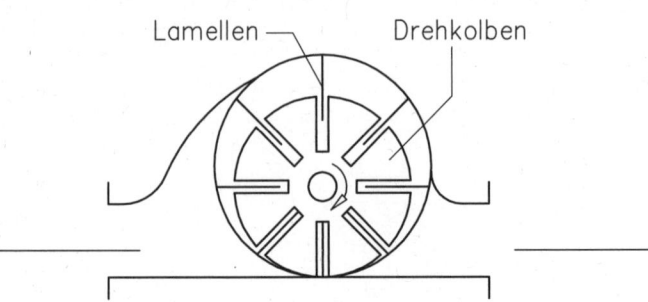

Geben Sie Ansaug- und Druckseite an.

2. Druckbegrenzungsventil

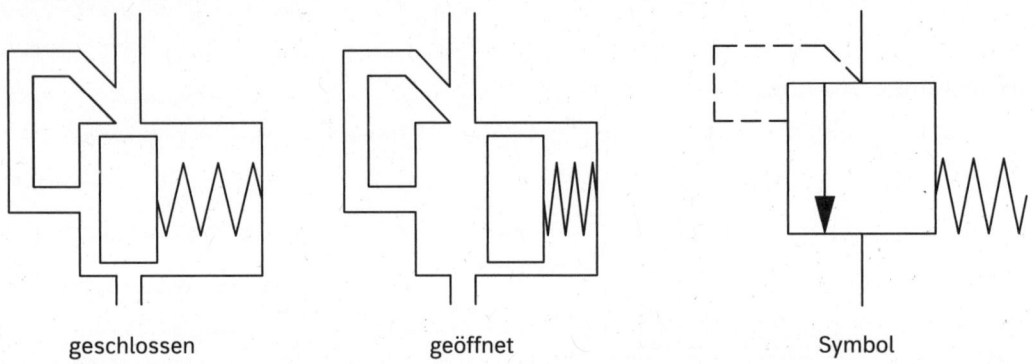

geschlossen   geöffnet   Symbol

3. Druckaufbereitungseinheit

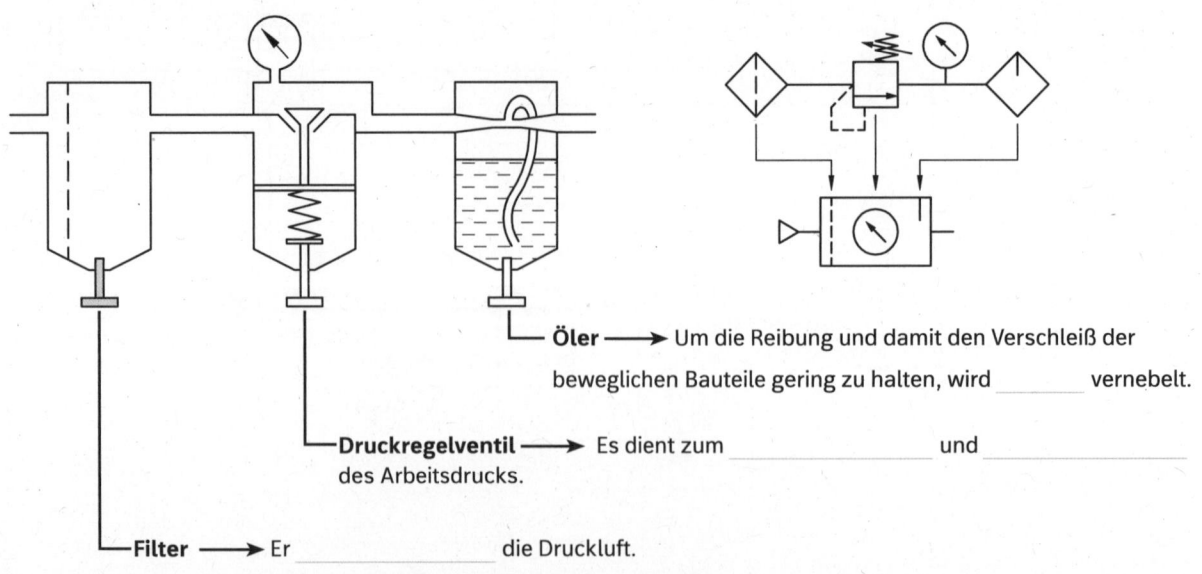

└ **Öler** ⟶ Um die Reibung und damit den Verschleiß der

beweglichen Bauteile gering zu halten, wird _____ vernebelt.

└ **Druckregelventil** ⟶ Es dient zum _____ und _____

des Arbeitsdrucks.

└ **Filter** ⟶ Er _____ die Druckluft.

B. Wegeventile

Diese Ventile steuern den Weg der Druckluft. Wie werden sie deshalb genannt?

_____

1. Schaltstellungen

Bildhafte Darstellung

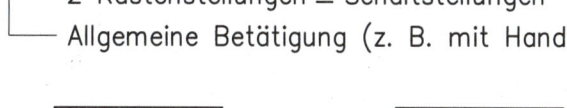

Symbolhafte Darstellung:

Ein Wegeventil wird als

_____ dargestellt.

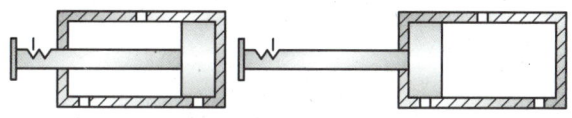
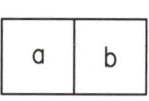

Die Anzahl der Quadrate gibt die Anzahl der

_____ an.

2. Anschlüsse

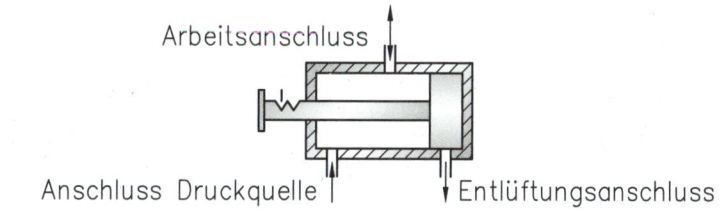

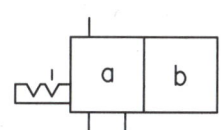
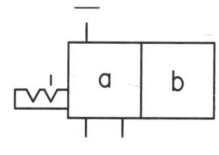

Alle Anschlüsse werden als

_____ an das Quadrat gezeichnet.

Die Anschlüsse werden mit Zahlen oder Großbuchstaben bezeichnet.

Druckanschluss	Arbeitsanschlüsse (_____ Zahlen)		Entlüftungsanschlüsse (_____ Zahlen)		
1 = P	2 = A	4 = B	6 = C	3 = R	5 = S	7 = T

Bezeichnen Sie die Anschlüsse in der rechten symbolhaften Darstellung mit Zahlen.

3. Funktion

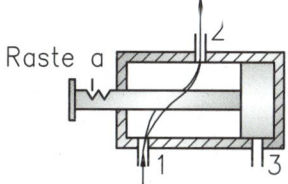
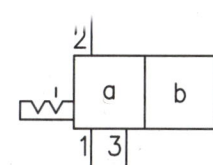

Durchfluss von _____ nach _____, Anschluss _____ ist gesperrt.

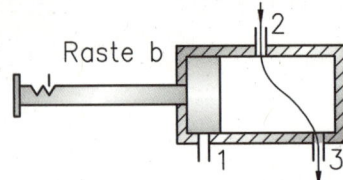 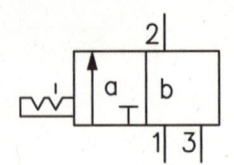

Durchfluss von _____ nach _____, Anschluss _____ ist gesperrt.

4. Bezeichnung der Wegeventile

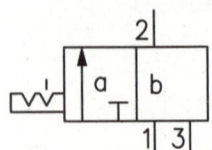

_____ Anschlüsse, _____ Schaltstellungen

_____ / _____ -Wegeventil

5. Betätigungsarten der Ventile (Auswahl)

Symbol	Bezeichnung	Symbol	Bezeichnung
	allgemein		Druckknopf
	Hebel (Hand)		Pedal (Fuß)
	Stößel (Taster)		Feder
	Rollenstößel (Tastrolle)		Druckluft
	Rollenstößel, nur in eine Richtung arbeitend		Elektromagnet

Benennen Sie die skizzierten Wegeventile. Geben Sie auch die Betätigungsart an.

C. Sperrventile (Auswahl)

Diese Ventile sperren den Weg in eine Richtung.

1. Rückschlagventile

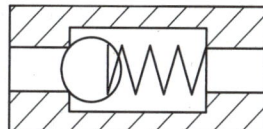

Durchfluss

_____

Rückschlagventil

2. Wechselventile

Wechselventile besitzen zwei _____ und einen _____ .

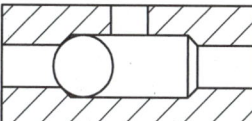

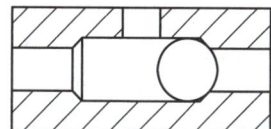

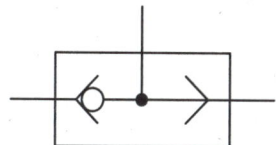

Der nicht benötigte Eingang wird automatisch gesperrt. Wie können diese Ventile benutzt werden?

_____

3. Stromventile (Auswahl)

Mit diesen Ventilen kann der Druckluftstrom und dadurch die Strömungsgeschwindigkeit eingestellt werden.

a) Drosselventile

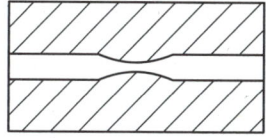

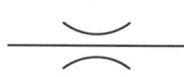

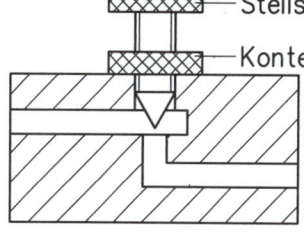

— Stellschraube

— Kontermutter

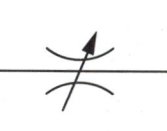

b) Drosselrückschlagventile

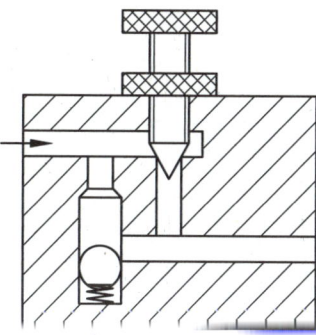

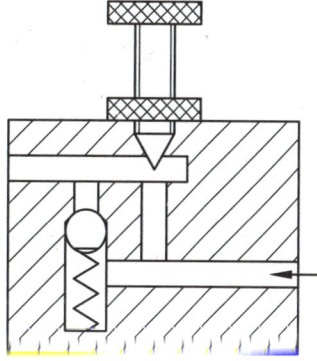

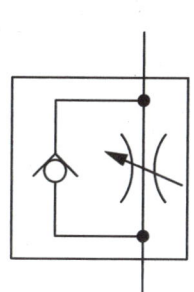

Das Rückschlagventil ist offen.

Auswirkung: _____

_____

_____

Das Rückschlagventil ist geschlossen.

Auswirkung: _____

_____

_____

© Westermann Gruppe

D. Arbeitsglieder (Auswahl)

1. Einfach wirkende Zylinder

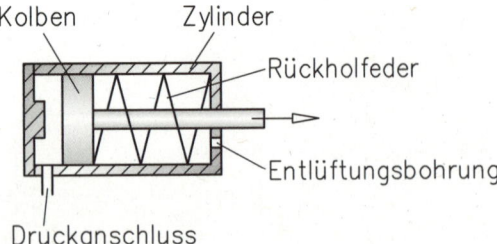
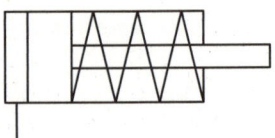

Der Kolben wird von der Druckluft bewegt. Welches Bauteil bringt den Kolben wieder in die Ausgangsstellung?

_____

Wie viele Anschlüsse haben einfach wirkende Zylinder?

_____

2. Doppelt wirkende Zylinder

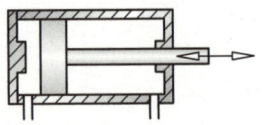
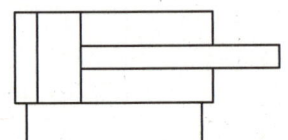

Wie viele Anschlüsse haben doppelt wirkende Zylinder?

_____

E. Elemente zur Druckluftförderung

1. Starre Rohrleitungen

Material: _____

2. Bewegliche Rohrleitungen

Es werden Schläuche aus _____ oder _____ verwendet.

3. Rohrverbindungen

Die Leitungen werden durch Rohr- _____ oder durch lösbare

_____ verbunden.

4. Symbole für Rohrleitungen

————	Arbeitsleitung	•—┼— •—┼—	Leitungsverbindung
– – – •– – –	Steuerleitung	⌐▽	Entlüftung ohne Anschluss
┼	Leitungskreuzung	⌐▽	Entlüftung mit Anschluss

Direkte Steuerung eines einfach wirkenden Zylinders

A. Problemstellung

Ein Sperrriegel soll auf Knopfdruck ein Tor zum Öffnen freigeben.
Erstellen Sie bei C. den Schaltplan, bei D. den Funktionsplan.

Lageplan

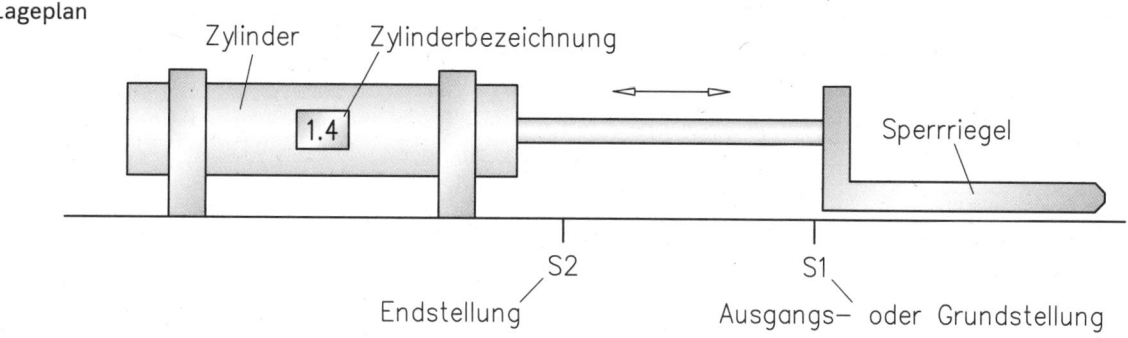

B. Arbeitsmittel

Einfach wirkender Zylinder, 3/2-Wegeventil mit Druckknopf- und Federbetätigung (Start), Druckquelle (Betriebsdruck $p =$ _____ bar) mit Aufbereitungseinheit, Druckmessgerät, 3/2-Wegeventil (Hauptventil) mit zwei Rasterstellungen (allgemeine Betätigung).

C. Schaltplan

Ergänzen Sie den Schaltplan und verknüpfen Sie die einzelnen Bauglieder.

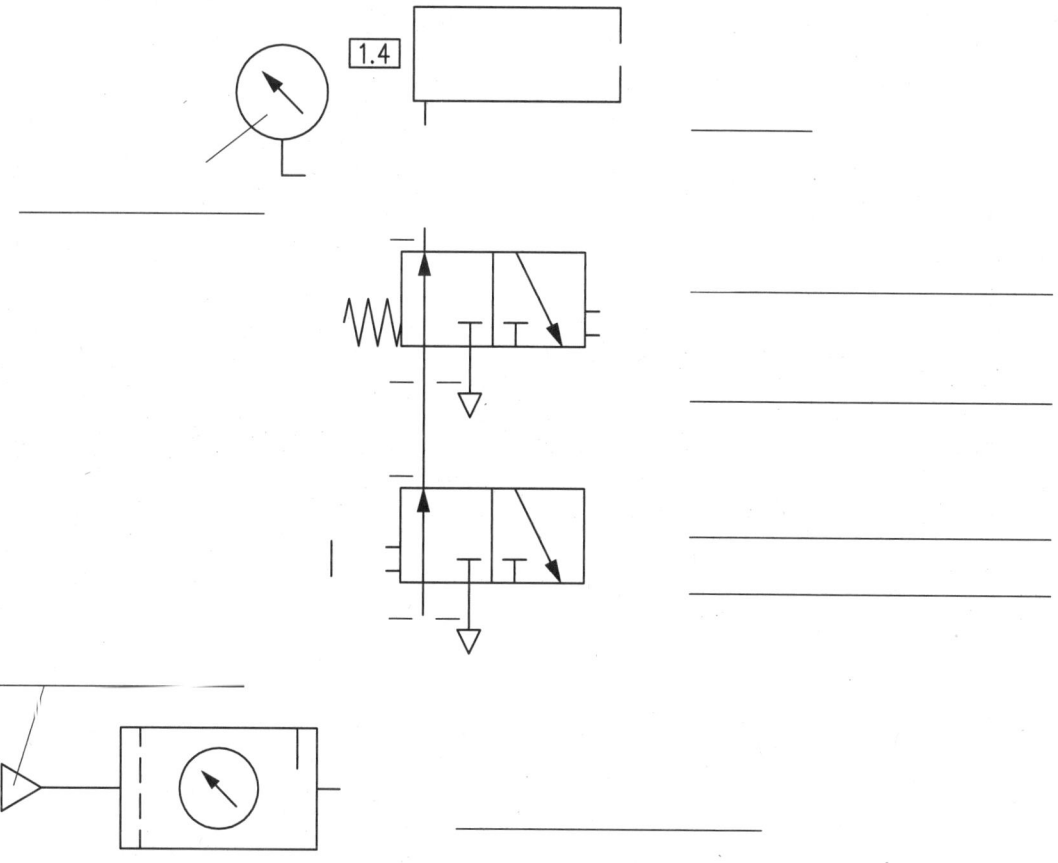

Bauen Sie die Steuerung auf und überprüfen Sie ihre Funktion.

D. Funktionsplan für eine Ablaufsteuerung (aus dem Französischen: GRAFCET)

Im folgenden Funktionsplan wird der Steuerungsablauf des Sperrriegels (siehe vorhergehende Seite) festgelegt.

Die einzelnen Schritte werden durch _____ dargestellt. Der Signalfluss wird als _____

gezeichnet.

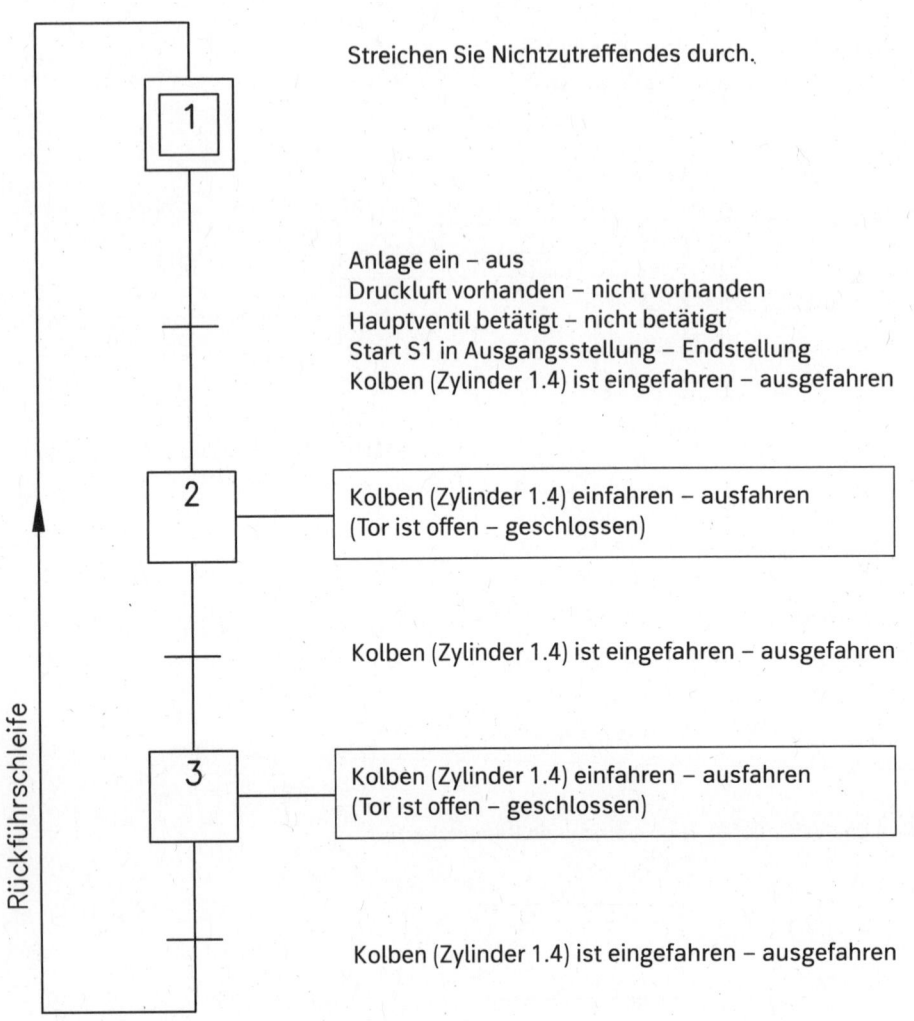

Streichen Sie Nichtzutreffendes durch.

Anlage ein – aus
Druckluft vorhanden – nicht vorhanden
Hauptventil betätigt – nicht betätigt
Start S1 in Ausgangsstellung – Endstellung
Kolben (Zylinder 1.4) ist eingefahren – ausgefahren

Kolben (Zylinder 1.4) einfahren – ausfahren
(Tor ist offen – geschlossen)

Kolben (Zylinder 1.4) ist eingefahren – ausgefahren

Kolben (Zylinder 1.4) einfahren – ausfahren
(Tor ist offen – geschlossen)

Kolben (Zylinder 1.4) ist eingefahren – ausgefahren

Rückführschleife

Erklärungen: Doppelquadrat = Anfangs- oder Startschritt

1, 2, 3 ...   = Schrittnummer

              = Übergangsbedingung (Texte, Symbole, logische Gleichungen)

E. Arbeitssicherheit

_____

_____

_____

_____

_____

F. Der Sperrriegel soll das Tor wieder schließen

Ändern Sie den Schaltplan.

Bedingung: Das 3/2-Wegeventil (Start) mit Druckknopf- und Federbetätigung soll anstelle der Durchfluss-Nullstellung eine Sperr-Nullstellung aufweisen.

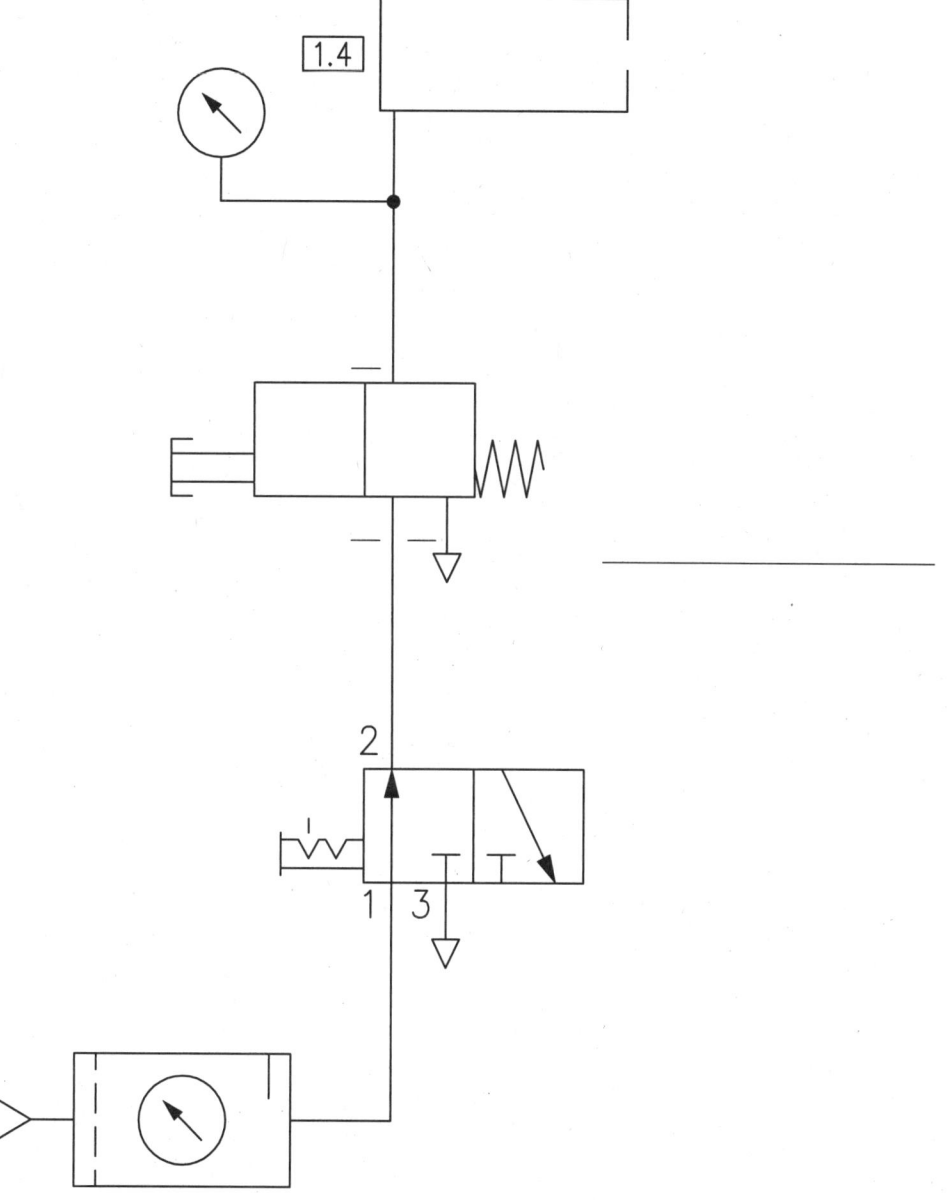

Bauen Sie die Steuerung auf und überprüfen Sie ihre Funktion.

Direkte Steuerung eines doppelt wirkenden Zylinders

A. Problemstellung

Ein doppelt wirkender Zylinder soll über ein 4/2-Wegeventil und ein Drosselrückschlagventil so verbunden werden, dass bei Betätigung des 4/2-Wegeventils die Schließgeschwindigkeit der Kolbenstange verringert wird.
Ergänzen Sie den Schaltplan.

B. Arbeitsmittel

Doppelt wirkender Zylinder, 4/2-Wegeventil mit Pedalbetätigung und Federrückstellung, Drosselrückschlagventil, Druckquelle mit Aufbereitungseinheit, 3/2-Wegeventil (Hauptventil) mit zwei Rasterstellungen (allgemeine Betätigung).

C. Schaltplan

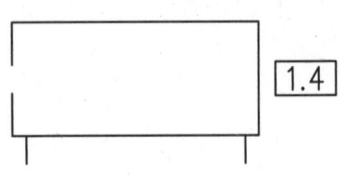

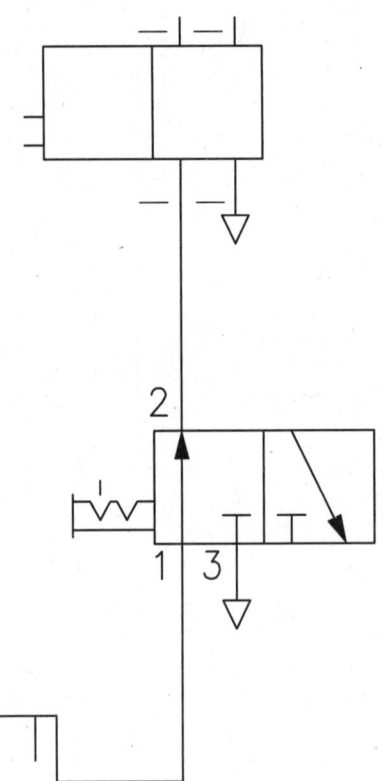

Erkenntnis: Die _____ wird gedrosselt = _____.

D. Arbeitssicherheit

E. Der Vorlauf der Kolbenstange kann auch durch eine Drosselung der Abluft erfolgen

Ergänzen Sie den Schaltplan.

1.4

Vorteil der Abluftdrosselung:

F. Vervollständigen Sie die Schaltpläne

Bauen Sie die Steuerungen auf und überprüfen Sie die Funktionen.

1. Aufgabe

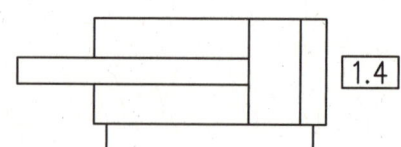

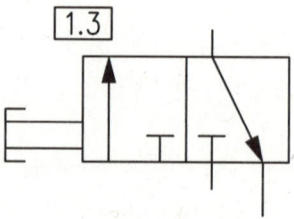

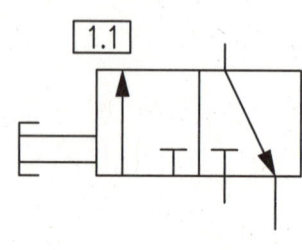

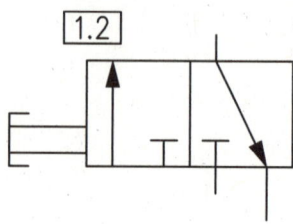

Erkenntnisse: _____

_____

_____

2. Aufgabe

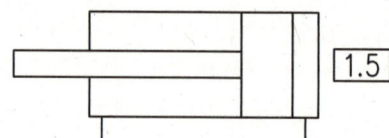

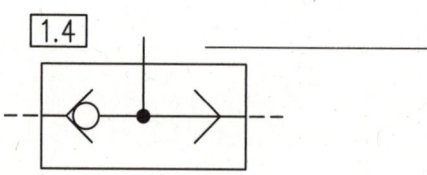

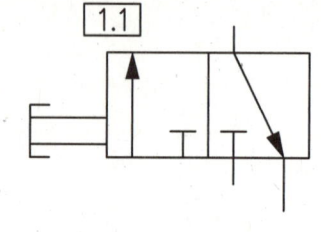

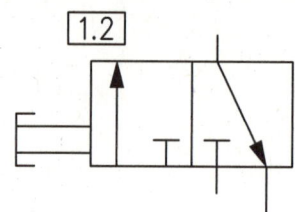

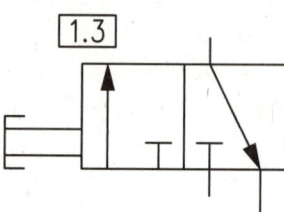

Erkenntnisse: _____

_____

_____

© Westermann Gruppe

Indirekte Steuerung eines doppelt wirkenden Zylinders
A. Schaltplan I

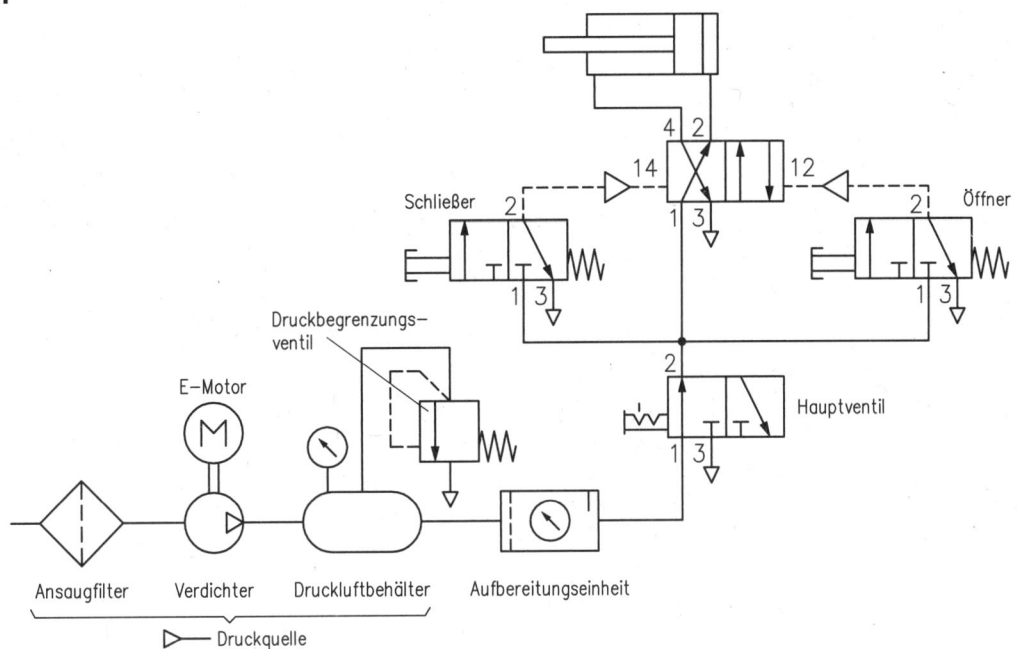

Diese Torsteuerung hat einen großen Nachteil: Die Öffnungs- und Schließ- _____
kann nicht eingestellt werden.
Versuchen Sie, diesen Nachteil zu beheben!.

B. Schaltplan II

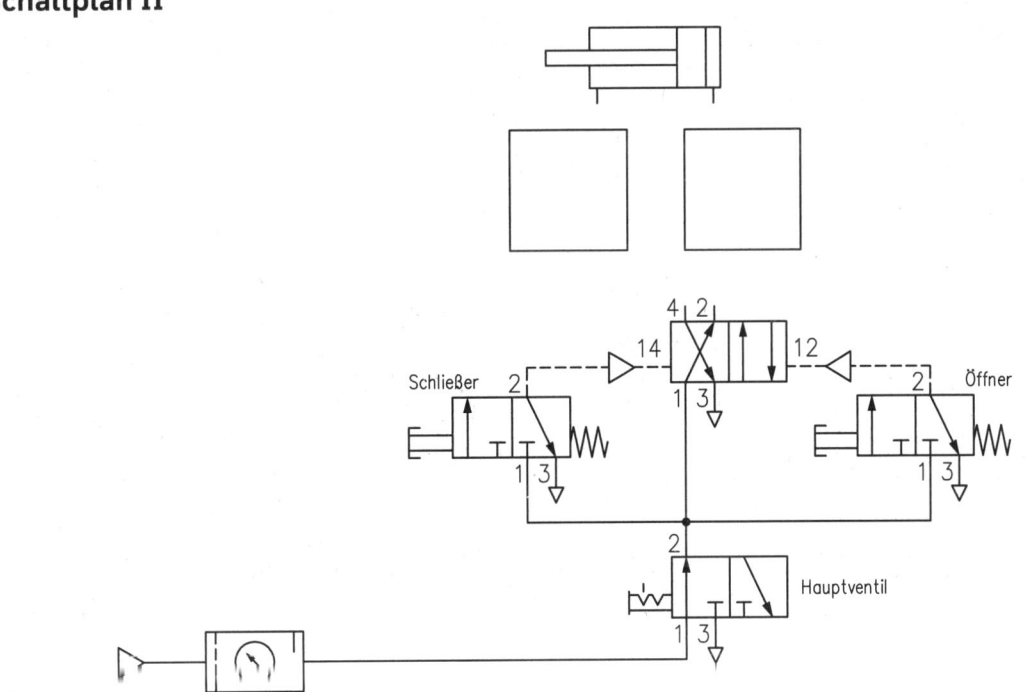

Öffnungs- und Schließgeschwindigkeit können mit _____
eingestellt werden.

© Westermann Gruppe

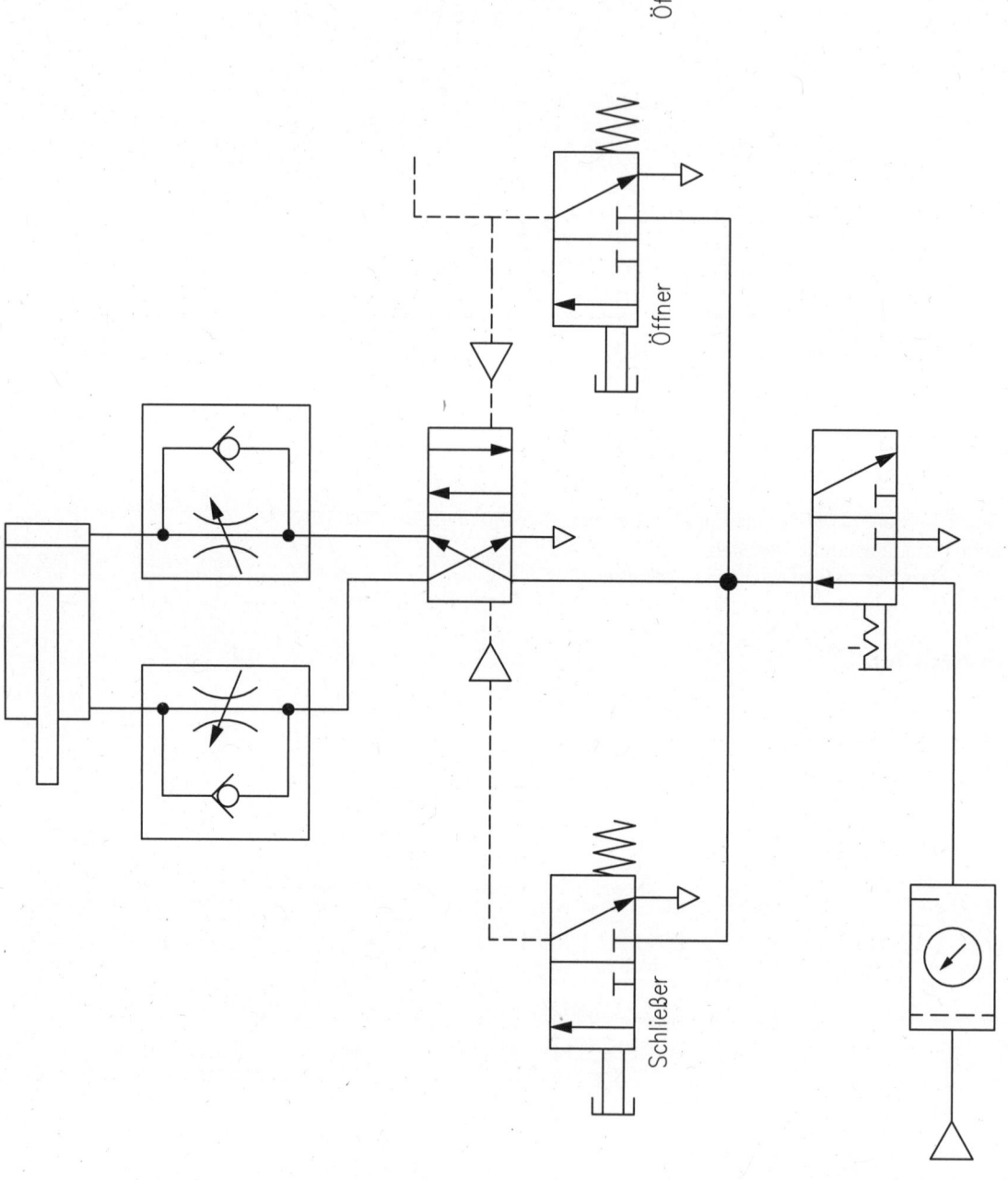

Steuerkette und ihre Glieder

Aufgabe: Wenden Sie nun diese Normung im Schaltplan bei der vorhergehenden Aufgabe an.

© Westermann Gruppe

Wirkungsweise einer einfachen hydraulischen Steuerung

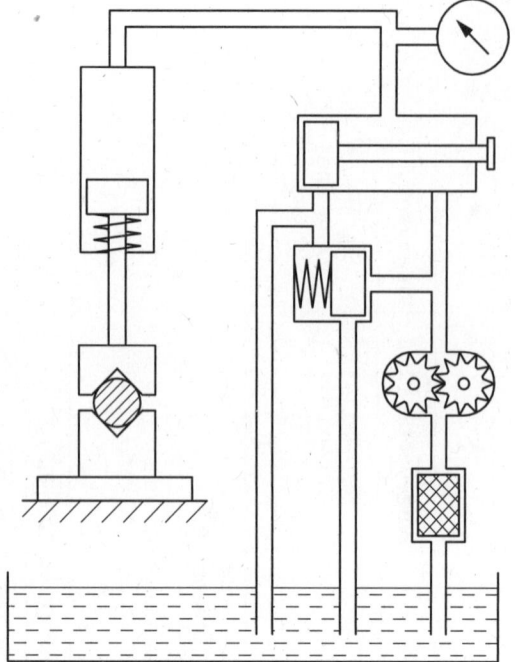

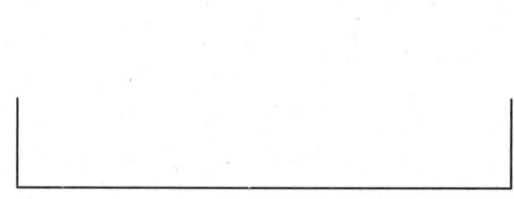

Zeichnen Sie die bildlich skizzierte Steuerung einer Spannvorrichtung in Sinnbildern.

Vergleichen Sie pneumatische und hydraulische Steuerungen. Denken Sie dabei an den Aufbau, den Arbeitsdruck, die Bauteile und die Leitungen.

Aufbau pneumatischer Grundschaltungen

A. Funktionsbeschreibung

Durch ein Fallmagazin werden durch einen pneumatischen Zylinder abgelängte Flachstahlprofile auf ein Förderband geschoben. Am Ende des Förderbands fallen die Werkstücke in einen Behälter. Der Schweißer entnimmt sie und verwendet sie als Grundplatte für eine Schweißkonstruktion.

Aufgabe 1a: Benennen Sie die einzelnen Bauteile des Schaltplans und erklären Sie ihre Funktionen.

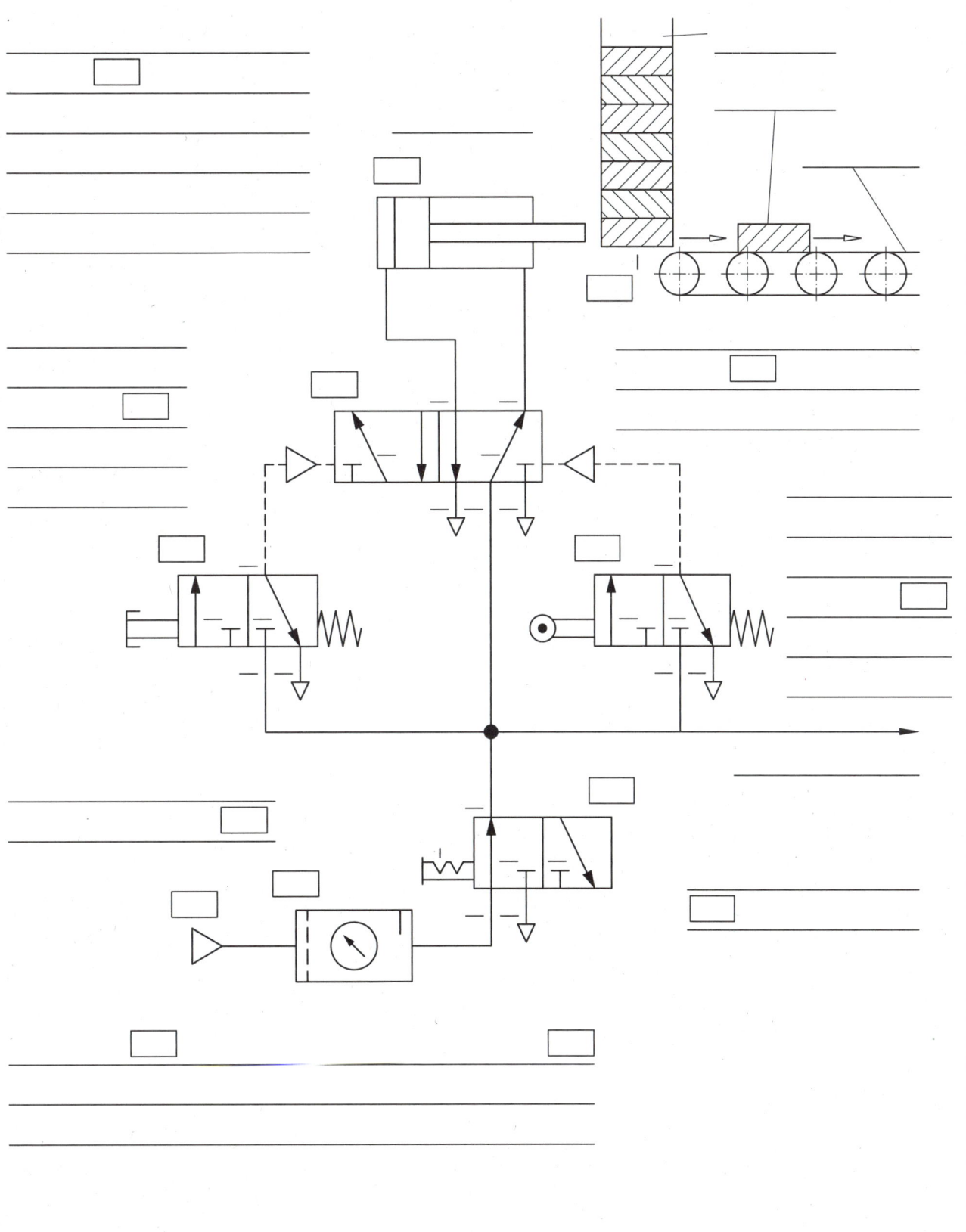

B. Funktionsdiagramm

Im Funktionsdiagramm können der Bewegungsablauf und das Zusammenwirken der einzelnen Bauteile einer pneumatischen Schaltung dargestellt werden. Außerdem ist das Diagramm ein wichtiges Hilfsmittel für die Fehlersuche bei Störungen. Für das Zeichnen von Funktionsdiagrammen verwendet man genormte Symbole.

Symbol (Auswahl)	Erklärung	Symbol (Auswahl)	Erklärung

Aufgabe 1b:
Erstellen Sie für den vorhergehenden Schaltplan (Fallmagazin) ein Funktionsdiagramm für die Bauteile 0.3, 1.4 und 1.3

Bezeichnung	Benennung	Zustand	Lage, Wert	Schritt 0	1	2	3	4	5	6
0.3	Hauptventil	schaltet Druckluft in die Anlage	a — b —							
1.4	Doppelt wirkender Zylinder	ausgefahren eingefahren	2 — 1 —							
1.3	5/2-Wege-ventil	Schaltstellung Schaltstellung	a — b —							

Aufgabe c:

Ändern Sie den Schaltplan (Fallmagazin).

Folgende Bedingungen sollen erfüllt werden:
- Start durch 1.1
- Kolbenrücklauf in Ausgangsstellung durch ein federbelastetes 3/2-Wegeventil 1.2 mit Hebelbetätigung (= Notfall) oder automatischer Kolbenrücklauf durch Ventil 1.6 mit Rollenbetätigung (= ODER-Funktion)

Welches Bauteil benötigen Sie noch zusätzlich?

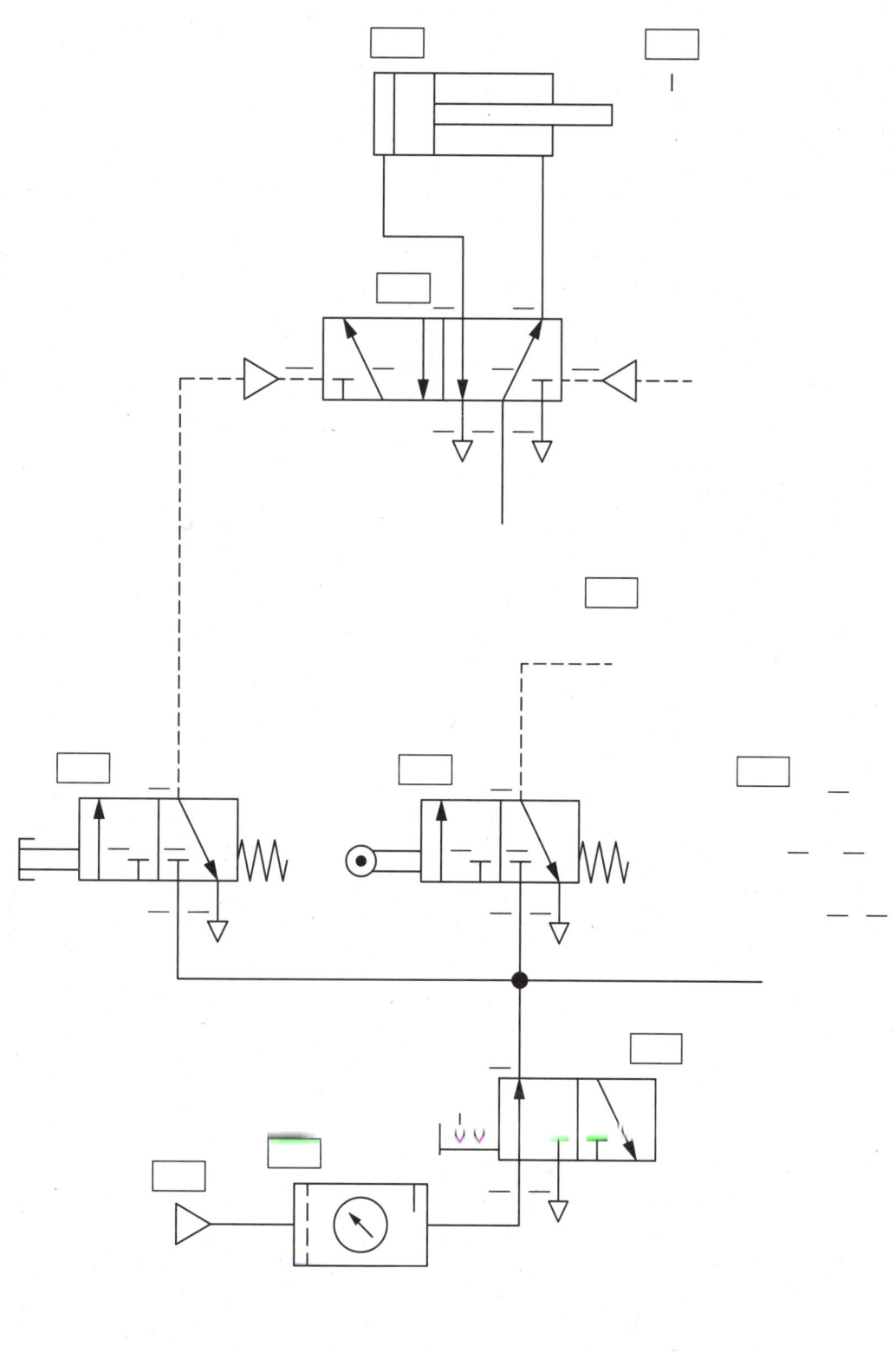

Aufgabe 1d: Ergänzen Sie das Funktionsdiagramm.

Bezeichnung	Benennung	Zustand	Lage, Wert	Schritt
				0 1 2 3 4 5 6
0.3	Hauptventil	schaltet Druckluft in die Anlage	a b	
1.5	Doppelt wirken- der Zylinder	ausgefahren eingefahren	2 1	
1.4	5/2-Wege- ventil	Schaltstellung Schaltstellung	a b	

Sie erinnern sich bestimmt noch an die Druckberechnung:

$$p = \frac{\left(\qquad\right)}{\qquad} \quad \begin{array}{l} \text{in} \\[1em] \text{in} \end{array}$$

Eine andere häufig verwendete Druckeinheit ist das Bar.

1 bar = _____

1. Aufgabe: Wie groß ist der Druck (in bar) in einem Pneumatikzylinder mit 70 mm Innendurchmesser, wenn eine Kolbenkraft von 1 962 N wirkt?

2. Aufgabe: In einem Zylinder beträgt der Druck 4,5 bar, die Kolbenkraft 1,2 kN.
Berechnen Sie den Kolbendurchmesser in mm.

3. Aufgabe: Ein doppelt wirkender Hydraulikzylinder arbeitet mit 55 bar Druck.
a) Berechnen Sie die Kolbenkraft (in N) beim Einfahren des Kolbens.
b) Berechnen Sie die Kolbenkraft (in N) beim Ausfahren des Kolbens.

ein   aus

ø16

ø40

a)

b)

4. Aufgabe: Der Hydraulikzylinder wird an eine Drucköllleitung mit $p_e = 50$ bar angeschlossen. Berechnen Sie die Kräfte F_1 und F_2 (in kN).

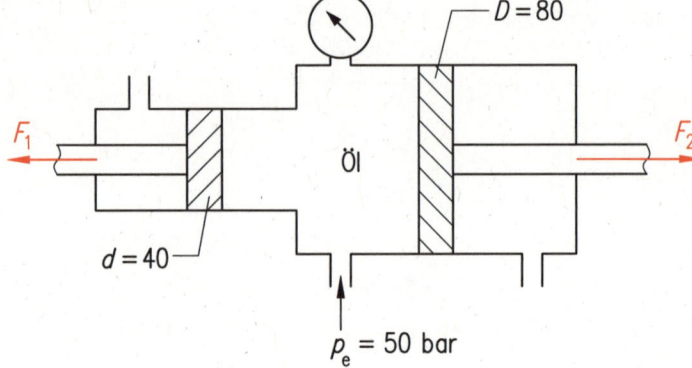

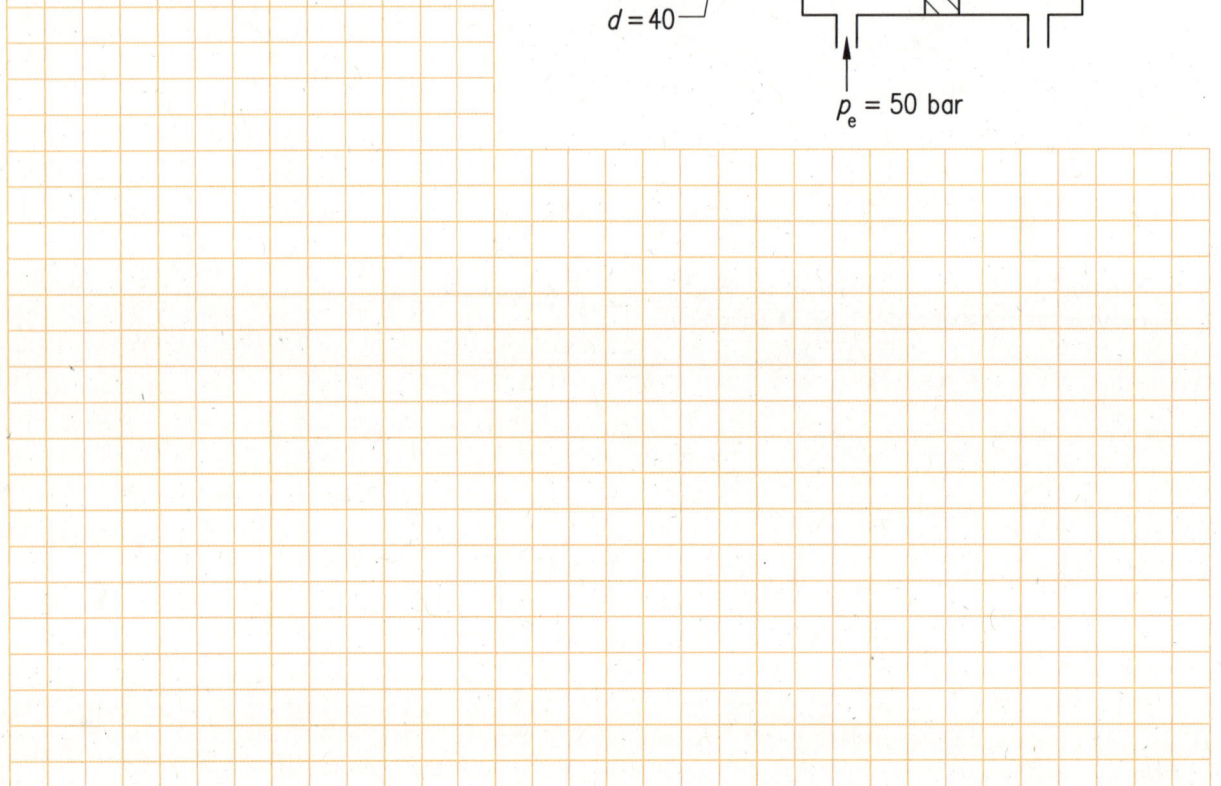

Beim Zerspanen von Werkstücken werden die Schneiden der Werkzeuge abgenutzt; ihre Schneidhaltigkeit nimmt ab.

Verschleißursachen
Durch die Reibung zwischen Werkzeug und Werkstück lösen sich kleine Werkstoffteilchen aus dem Werkstück und verschweißen sich auf der Spanfläche des Werkzeugs.
Welche Folgen treten auf?

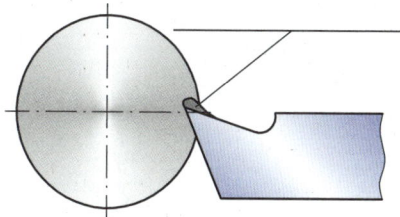

_____

_____

Die Reibung wird durch besonders hohe Schnittarbeit noch vergrößert. Dadurch steigt auch die Zerspanungstemperatur; es werden noch mehr Teilchen aus der Werkzeugschneide gelöst. Dieser Vorgang heißt Diffusionsverschleiß.

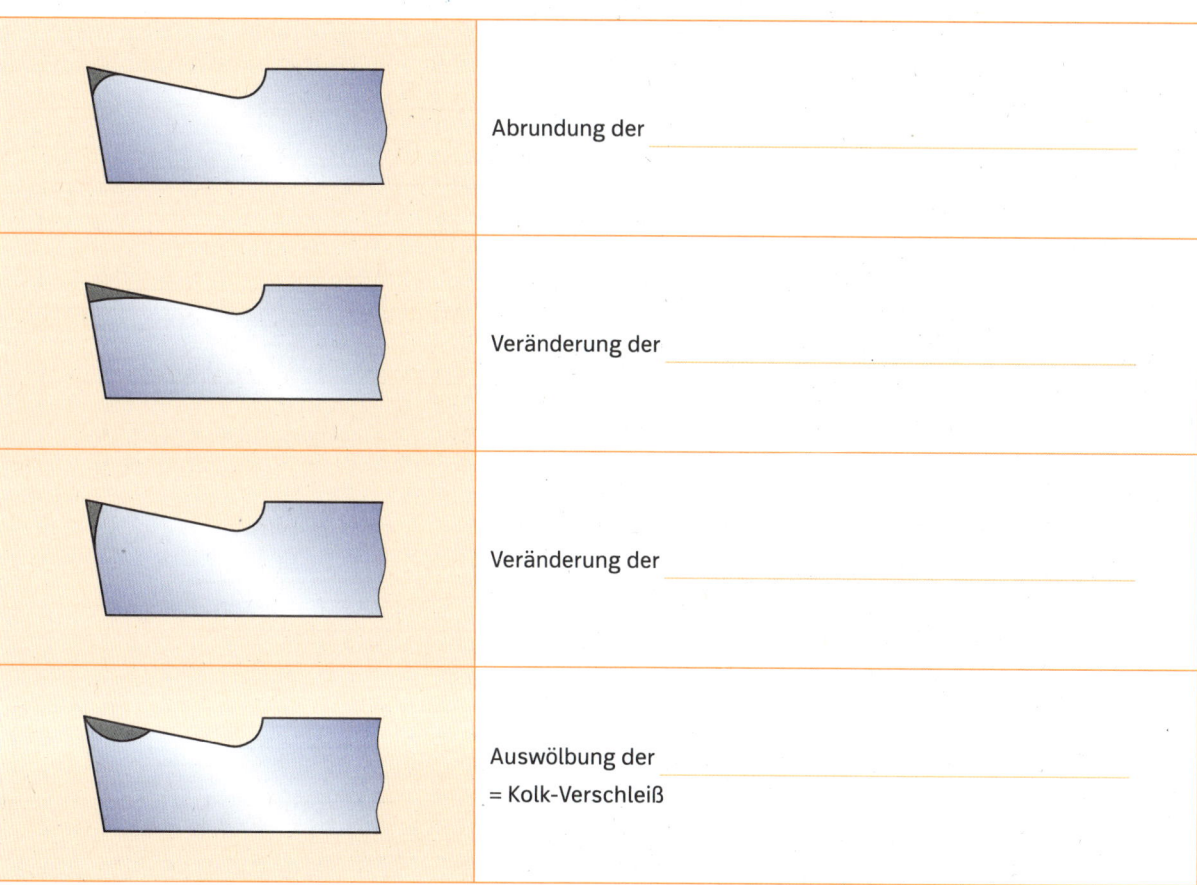

Abrundung der _____

Veränderung der _____

Veränderung der _____

Auswölbung der _____
= Kolk-Verschleiß

Folgen des Verschleißes
Der Verschleiß der Werkzeuge hat für den Betrieb Nachteile.
Nennen Sie welche.

_____

_____

_____

_____

_____

Metallbautechnik

Name:

Datum:

Klasse:

Warten technischer Systeme
Entsorgung der Schmier- und
Kühlschmierstoffe und ihre
Wiederverwertbarkeit

Lernfeld 4

2

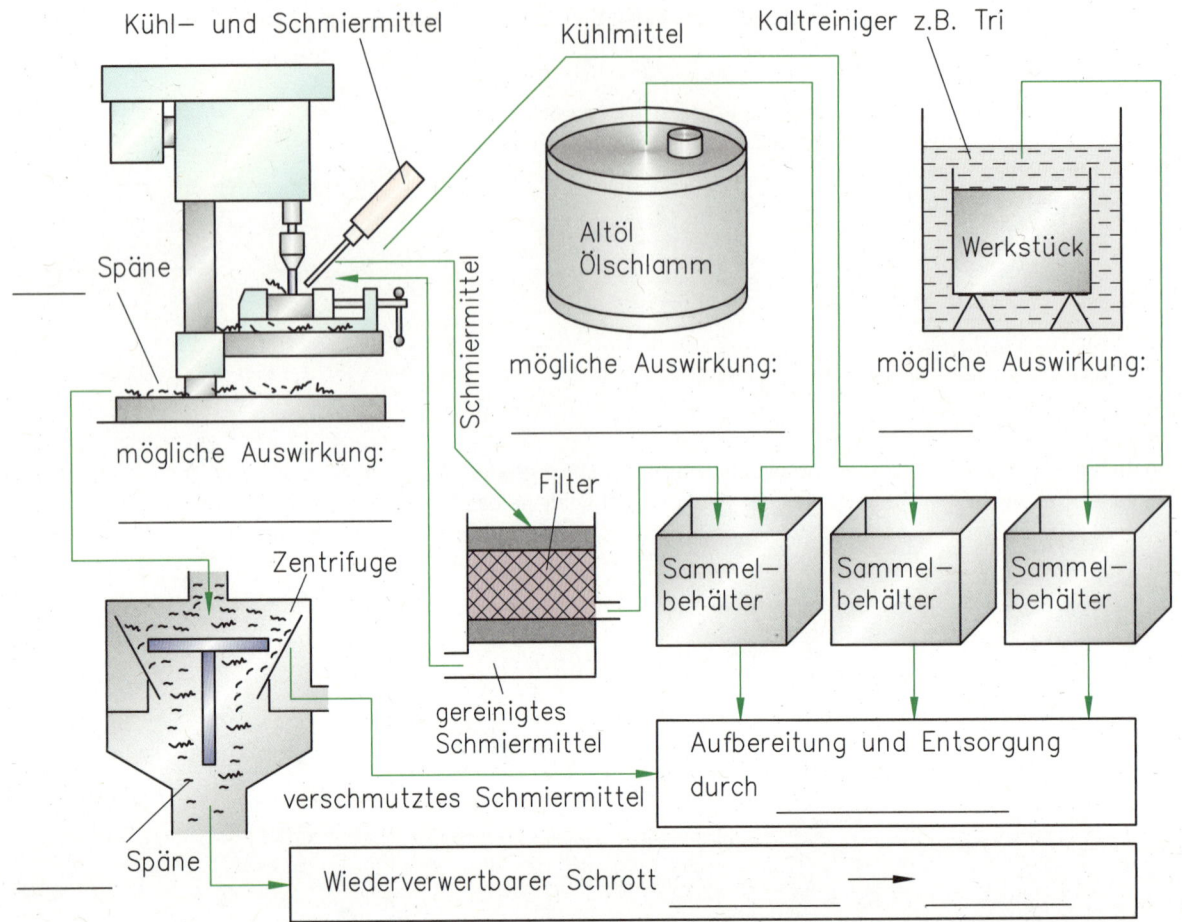

Kühl- und Schmiermittel

Kühlmittel

Kaltreiniger z.B. Tri

Späne

Schmiermittel

Altöl
Ölschlamm

Werkstück

mögliche Auswirkung:

mögliche Auswirkung:

mögliche Auswirkung:

Filter

Zentrifuge

gereinigtes
Schmiermittel

Sammel-
behälter

Sammel-
behälter

Sammel-
behälter

Aufbereitung und Entsorgung

durch _____

verschmutztes Schmiermittel

Späne

Wiederverwertbarer Schrott _____

In jedem Betrieb fallen Hilfsstoffe zum Reinigen von Maschinen, Werkzeugen und Werkstücken an:

Diese müssen umweltfreundlich entsorgt werden. Auch belastete Luft muss gereinigt werden.

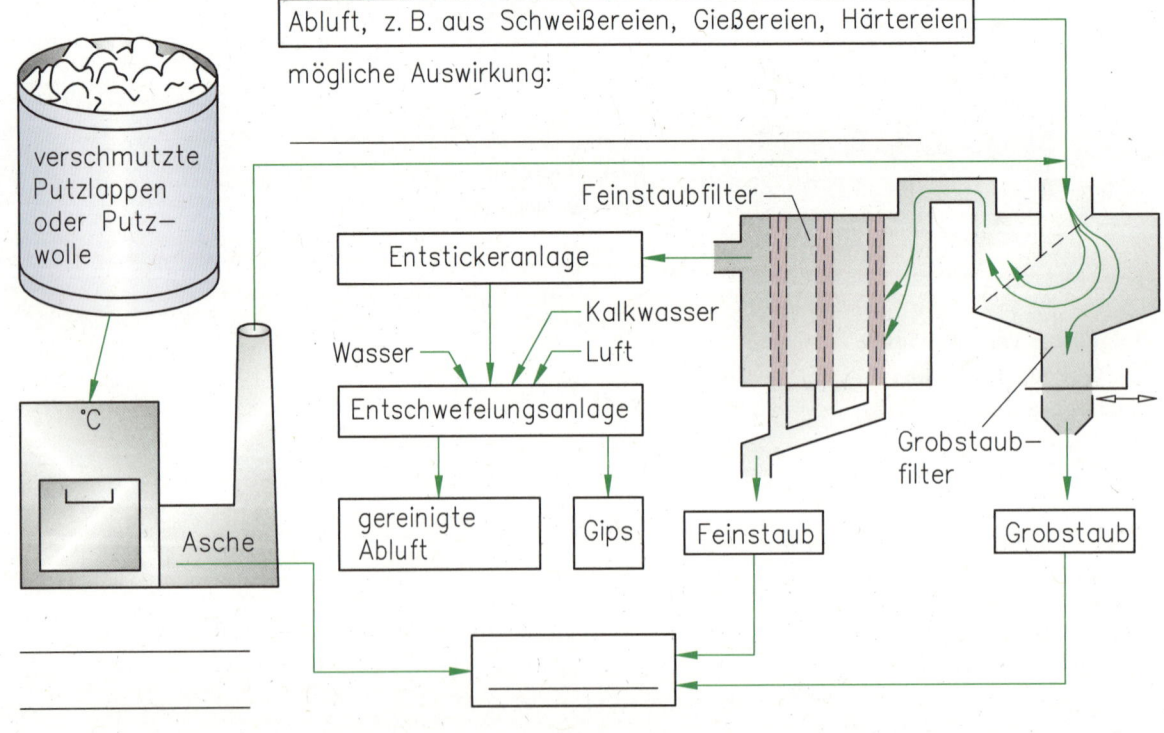

Abluft, z. B. aus Schweißereien, Gießereien, Härtereien

mögliche Auswirkung:

verschmutzte
Putzlappen
oder Putz-
wolle

°C

Feinstaubfilter

Entstickeranlage

Kalkwasser

Wasser

Luft

Entschwefelungsanlage

Grobstaub-
filter

Asche

gereinigte
Abluft

Gips

Feinstaub

Grobstaub

Korrosion

A. Beschreibung

Durch Korrosion werden Metalle zerstört.
Man unterscheidet zwei Korrosionsursachen:
1. Chemische Korrosion
2. Elektrochemische Korrosion

B. Chemische Korrosion

Die Oberfläche der Metalle verbindet sich mit dem Sauerstoff der Luft.

Wie wird dieser Vorgang bezeichnet? _____

Bei manchen Metallen ist diese Schicht locker und porös, bei anderen Metallen bildet sich eine dichte und haltbare Schicht.
Nennen Sie solche Metalle und ordnen Sie sie zu.

Lockere und poröse Schicht: _____

Dichte und haltbare Schutzschicht: _____

Auch Säuren, Laugen oder Salzlösungen zerstören Metalle.

C. Elektrochemische Korrosion

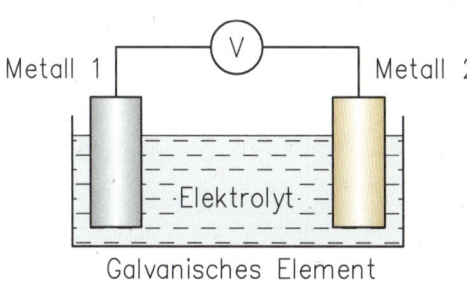

Metall 1   Metall 2

Elektrolyt

Galvanisches Element

Kommen zwei verschiedene Metalle und eine elektrisch leitende Flüssigkeit (Elektrolyt) zusammen, entsteht zwischen den Elektroden eine elektrische Spannung.

Spannungsreihe der Metalle (bezogen auf Wasserstoff = 0 V)
Entnehmen Sie die Spannungen einem Tabellenbuch.

Edlere Metalle			Unedlere Metalle								
Au	Ag	Cu	Pb	Sn	Ni	Fe	Cr	Zn	Mn	Al	Mg

Aufgabe: Welche Spannung zeigt das Voltmeter zwischen Kupfer und Zink an? Welches der beiden Metalle wird zerstört?

_____

_____

_____

D. Korrosionsarten

1. Lochfraßkorrosion

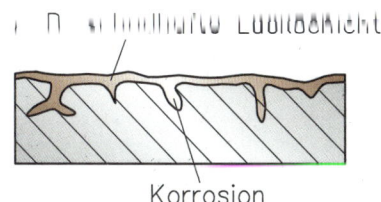

Korrosion

Es entstehen im Werkstoff trichterförmige Krater und Durchbrechungen.
Nennen Sie solche Schäden.

_____

_____

2. Kontaktkorrosion

Kupferniete

Regenwasser

Zink-
blech

Korrosion

Durch die Verbindung verschiedener Metalle (im Beispiel _____ und _____)
und durch einen Elektrolyten (im Beispiel _____
_____) wurde ein galvanisches Element gebildet.

Welches der beiden Metalle wird an der Berührungsstelle zerstört?

_____

Aufgabe: Nennen Sie Ihnen bekannte Schäden durch Kontaktkorrosion.

_____

_____

_____

Korrosionsschutz
A. Konstruktive Forderungen

1.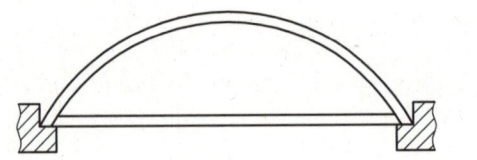

2.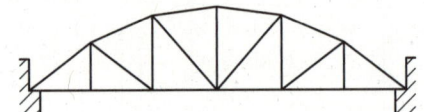

3.
Al —
— Stahl

4. Waagerechte Flächen, Fugen und Spalten sind zu vermeiden.

5. Hohlprofile sind luftdicht zu verschweißen oder völlig offen zu lassen oder mit Abfluss- und Entlüftungsbohrungen zu versehen.

6.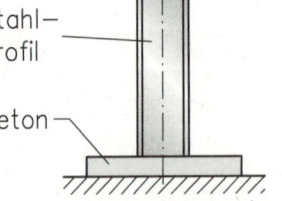

7. Stahl-
profil

Beton

B. Korrosionsschutzverfahren

Vorbehandlung der Oberfläche

Damit ein guter Haftgrund für den Korrosionsschutz erreicht wird, müssen Oxid-, Fett- und Schmutzschichten entfernt werden.

1. Mechanische Oberflächenbehandlung

   a) Handentrostung

      Z. B. _____

   b) Maschinelle Entrostung

      Ordnen Sie den Skizzen zu; Bürsten, Strahlen, Waschen, Ultraschallreinigen.

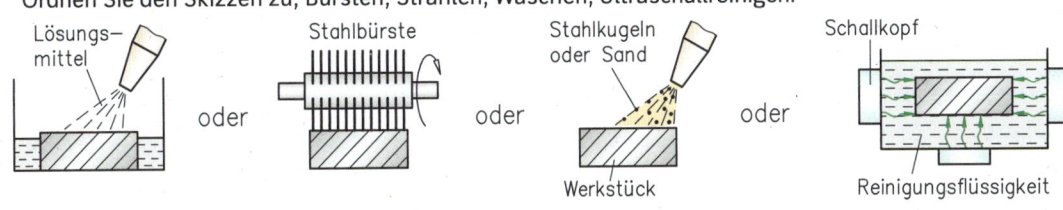

Lösungs-mittel   oder   Stahlbürste   oder   Stahlkugeln oder Sand / Werkstück   oder   Schallkopf / Reinigungsflüssigkeit

2. Chemische Oberflächenvorbehandlung (Auswahl)

   a) Beizen   z. B. mit _____

   b) Entfetten   z. B. mit _____

   c) Rostumwandler entziehen dem Rost (= Eisenoxid) den Sauerstoff; der Rost wird chemisch entfernt.

3. Oberflächenbeschichtung mit Lackfarben

   a) Grundanstrich

      Der zweifache Grundanstrich muss bei trockener Witterung sofort nach dem Entrosten und Reinigen der Stahlkonstruktion ausgeführt werden. Vorsicht! Bleimennige ist _____!

   b) Deckanstrich

      Der zweifache Deckanstrich mit wetterbeständigem Lack dient der _____.
      Er erfolgt nach guter Durchtrocknung des Grundanstrichs.

4. Überzüge aus Metall

   a) Feuerverzinken

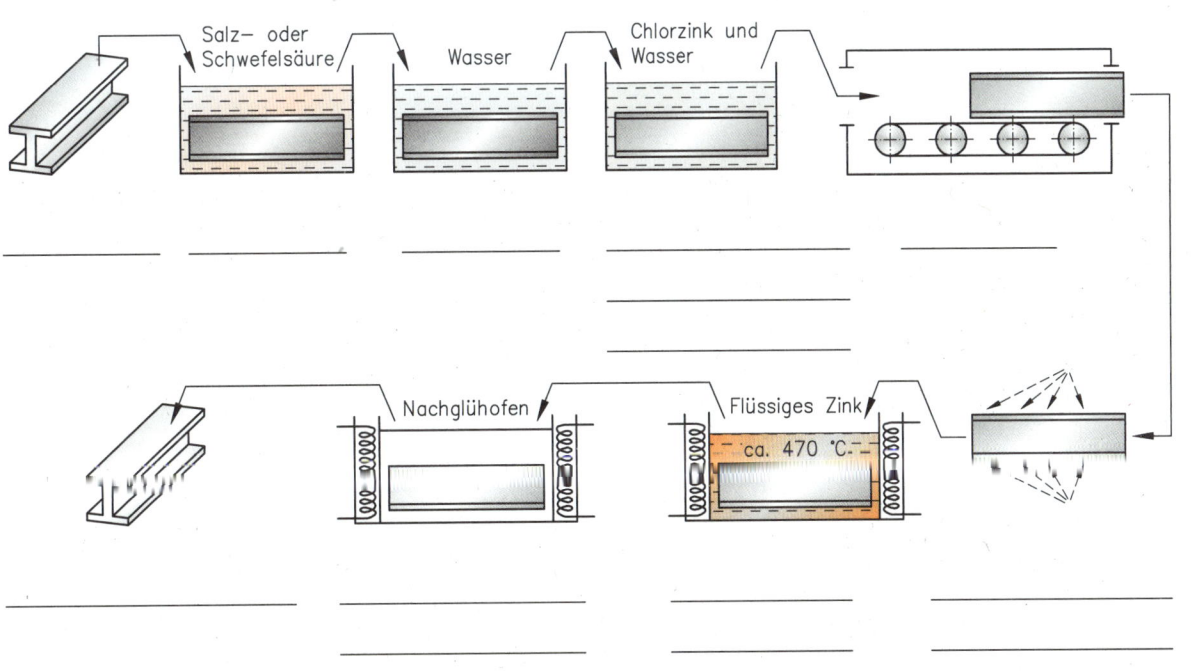

Salz- oder Schwefelsäure   Wasser   Chlorzink und Wasser

Nachglühofen   Flüssiges Zink   ca. 470 °C

An einem I-Stahlträger wurde durch unsachgemäßen Transport die Zinkschicht verletzt. Überdenken Sie die Folgen.

_____

_____

_____

b) Flammspritzen (Spritzmetallisieren)

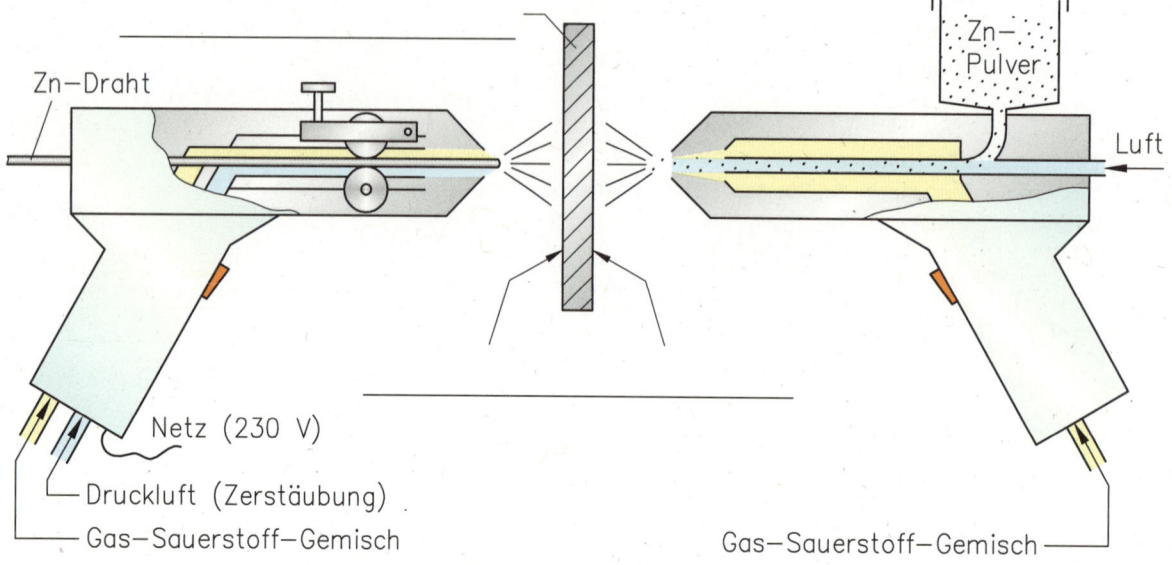

Vor dem Flammspritzen muss die Oberfläche der Stahlwerkstücke gut gesäubert werden, z. B. durch

_____ .

5. Anodisieren

Die Oberfläche von **Al**uminium wird **el**ektrisch **ox**idiert = _____-Verfahren. Dabei können in die Oberfläche Farbstoffe eingelagert werden.

Eigenschaften: _____

_____

6. Kunststoffüberzüge

Das Auftragen der Kunststoffe kann durch das Wirbelsintern oder Flammspritzen erfolgen. Ordnen Sie diese beiden Verfahren den beiden Skizzen zu.

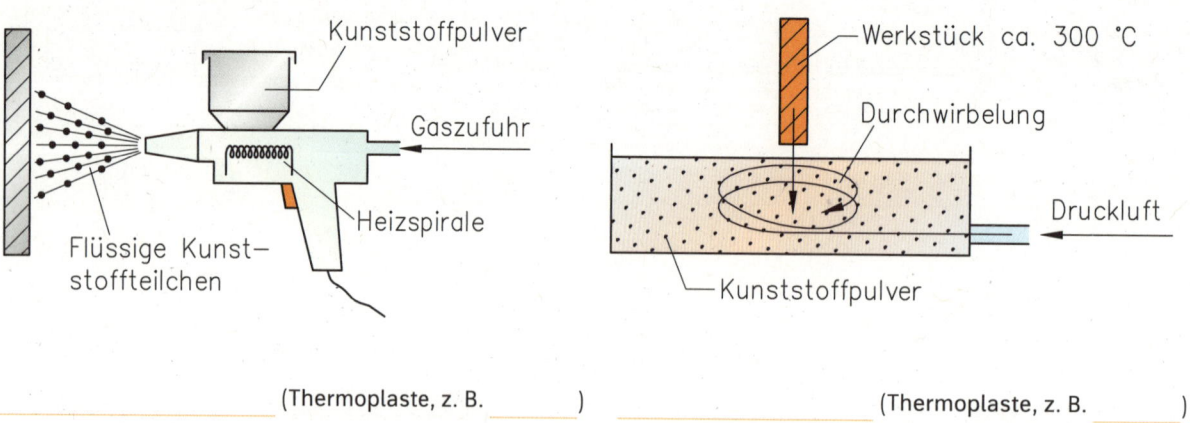

_____ (Thermoplaste, z. B. _____)   _____ (Thermoplaste, z. B. _____)

Eigenschaften: Neben dem Korrosionsschutz haben Kunststoffüberzüge noch einen weiteren Vorteil.

_____

A. Atomaufbau

Die Elemente bauen sich aus Atomen auf.
Diese bestehen aus:

_____ (= _____ und

_____) und den

_____ , die mit sehr hoher

Geschwindigkeit um den Atomkern kreisen.

B. Ladung der Teilchen

Elektronen: _____ geladen ◯

Protonen: _____ geladen ◯

Neutronen: _____ ◯

C. Verhalten geladener Teilchen

Ungleiche Ladungen   Gleiche Ladungen

_____ .   _____ .

D. Elektrische Leiter und Nichtleiter

Elektronen können sich aus dem Atomverband lösen. Diese freien Elektronen bilden den elektrischen Strom. Ihre Ladung ist negativ.
Stoffe mit vielen freien Elektronen sind elektrische Leiter. Stoffe ohne freie Elektronen sind Nichtleiter oder

_____ .

Außerdem gibt es Stoffe, die zwischen elektrischen Leitern und Nichtleitern liegen (z. B. Silizium); sie heißen Halbleiter.
Anwendung: _____

Unterstreichen Sie die Nichtleiter.

Aluminium, Glas, Gummi, Wasser, Kohle, Öl, Porzellan, Luft, Kupfer, Kunststoffe, Gold

Nennen Sie gute elektrische Leiter.

_____

E. Elektrische Spannung

Beim Stromfluss wandern die Elektronen im Leiter. Es kommt zu Elektronenmangel bzw. Elektronenüberschuss.

Elektronenmangel: _____ Ladung

Elektronenüberschuss: _____ Ladung

Diese verschiedenen Ladungen haben das Bestreben, sich wieder auszugleichen.

Zwischen ihnen herrscht eine Spannung/Potential, z. B. _____ 230 _____ (____).

Möglichkeiten zur Spannungserzeugung:

_____

F. Elektrische Stromstärke

© Westermann Gruppe

Werden die freien Elektronen durch eine Spannungsquelle bewegt, fließt Strom.

Die Stärke (= Intensität) des Stroms kann verschieden groß sein, z. B. _____ = 2 _____ (_____).

Die Stromstärke hängt vom Verbraucher ab. Elektrischer Strom ist daher die Menge der fließenden Elektronen.

Bewegungsrichtung der Elektronen:

Stromfluss in eine Richtung: _____ -Strom (Symbol: _____)

Stromfluss wechselt periodisch: _____ -Strom (Symbol: _____)

G. Widerstand

Nichtleiter oder Isolierstoffe setzen den fließenden Elektronen einen großen Widerstand entgegen, leitende Stoffe einen kleinen.

Der Widerstand wird mit _____ bezeichnet und in _____ (_____) gemessen, z. B. _____ = 6 _____ (_____).

H. Stromwirkungen

Elektrischen Strom kann man an seinen Wirkungen erkennen.

_____ -Wirkung

z. B. Glühbirne,

_____

_____

_____ -Wirkung

z. B. Lötkolben,

_____

_____

Spule

_____ Wirkung

z. B. Klingel,

_____

_____

_____ Wirkung

z. B. Batterie,

_____

_____

Schaltzeichen und einfache Stromkreise

A. Schaltzeichen

© Westermann Gruppe

B. Einfache Stromkreise

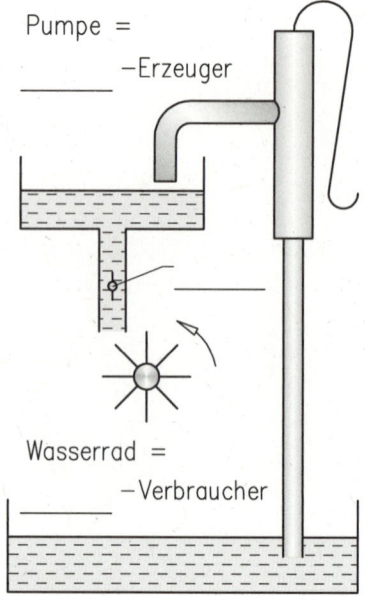

Pumpe = _____ –Erzeuger

Wasserrad = _____ –Verbraucher

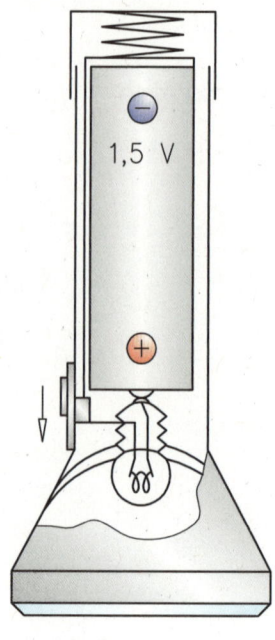

1,5 V

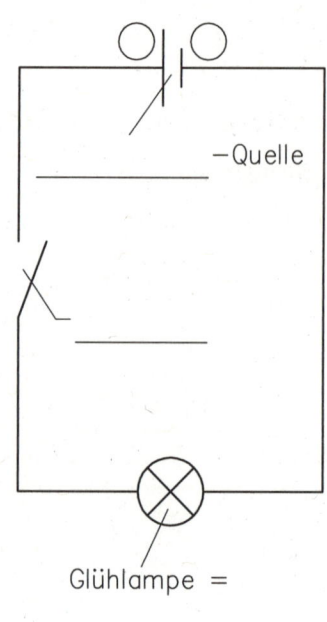

–Quelle

Glühlampe = _____

Wasser fließt nur

bei _____ Ventil.

Das Wasserrad verbraucht

_____ .

Die Glühlampe brennt nur, wenn

sie _____ ist.

Die Glühlampe verbraucht

_____ .

Strom fließt nur im

_____

Stromkreis.

Im _____

wird Spannung verbraucht.

Der Wechselstrommotor einer Absauganlage soll schädliche Schweißgase absaugen. Eine Kontrolllampe soll den Betrieb anzeigen.
Vervollständigen Sie den Schaltplan.

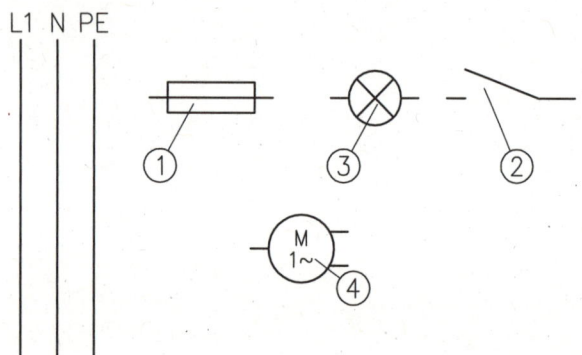

Bauteile:

◯ Wechselstrommotor

◯ Schließer

◯ Kontrolllampe

◯ Sicherung

Eine elektrische Klingel und ein Türöffner sollen durch Taster betätigt werden.
Vervollständigen Sie auch hier den Schaltplan.

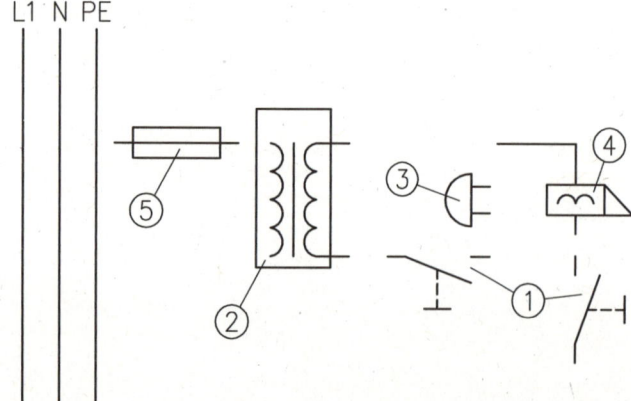

Bauteile:

◯ Transformator

◯ Türöffner

◯ Taster

◯ Tonmelder

◯ Sicherung

Ohmsches Gesetz

A. Vergleich

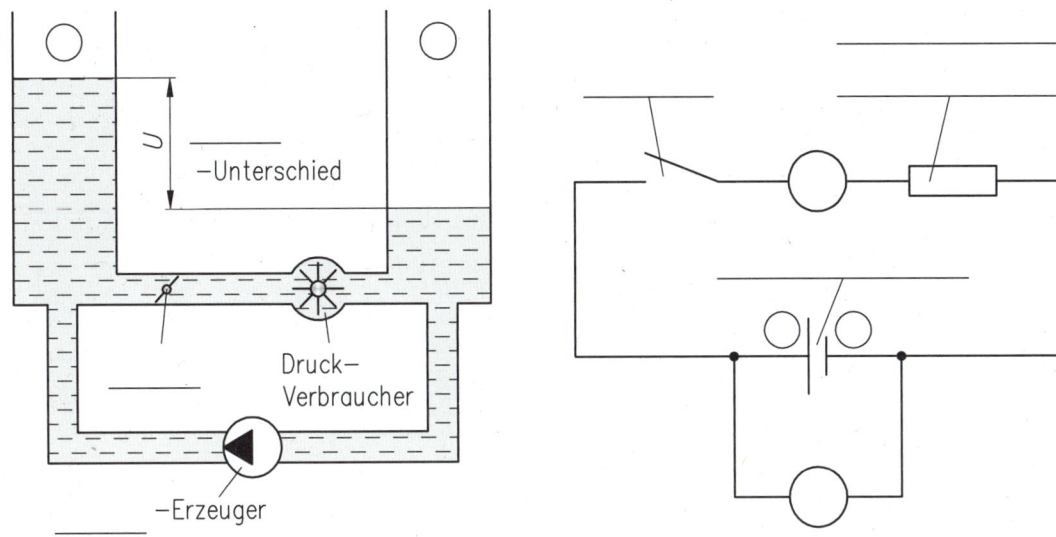

Aufgabe: Kennzeichnen Sie im Stromkreis den Spannungsunterschied (Voltmeter) mit „V", den Strommesser (Amperemeter) mit „A".

Entnehmen Sie aus der Skizze, wie Spannungsmesser und Strommesser geschaltet werden. Denken Sie daran, dass Spannungsmesser den Spannungsunterschied und Strommesser die Menge der fließenden Elektronen messen.

Spannungsmesser: _____

Strommesser: _____

B. Größen und Einheiten

Elektrische Größe	Formelzeichen	Maßeinheit	Einheitszeichen
Spannung			
Strom			
Widerstand			

C. Zusammenhang zwischen Spannung, Strom und Widerstand

1. Kreislauf des Wassers

Es fließt umso mehr Wasser,

_____

_____

2. Kreislauf des Stroms

Es fließt umso mehr Strom,

_____

_____

Strom =    (_____)

Formen Sie das ohmsche Gesetz auch nach den anderen Größen um.

$U =$ _____ $R =$ _____

D. Aufgaben

Das ohmsche Gesetz gilt für Gleichstrom, für Wechselstrom nur bei ohmscher Belastung.
Bei den folgenden Aufgaben handelt es sich um Gleichstrom oder um ohmsche Belastung.

Setzen Sie beim Rechnen mit dem ohmschen Gesetz nur die Grundgrößen ein:

Spannung _____ in _____ (_____)

Stromstärke _____ in _____ (_____)

Widerstand _____ in _____ (_____)

1. Aufgabe: Verwandeln Sie in die jeweilige Grundgröße.

a	b	c	d	e	f	g
40 mV	0,5 kV	300 mA	400 µA	2,5 kΩ	600 mΩ	0,32 MΩ

2. Aufgabe: In einem Elektromagneten beträgt der Widerstand der Spule 60 Ω und nimmt einen Strom von 3,83 A auf. An welcher Spannung (in V) liegt die Spule?

3. Aufgabe: Wie viel Ohm hat ein Widerstand, wenn bei 12 V Spannung der Strom 30 mA beträgt?

4. Aufgabe: Eine Stromleitung hat einen Widerstand von 180 mΩ. Durch sie fließt ein Strom von 20 A. Wie viel Volt beträgt der Spannungsabfall?

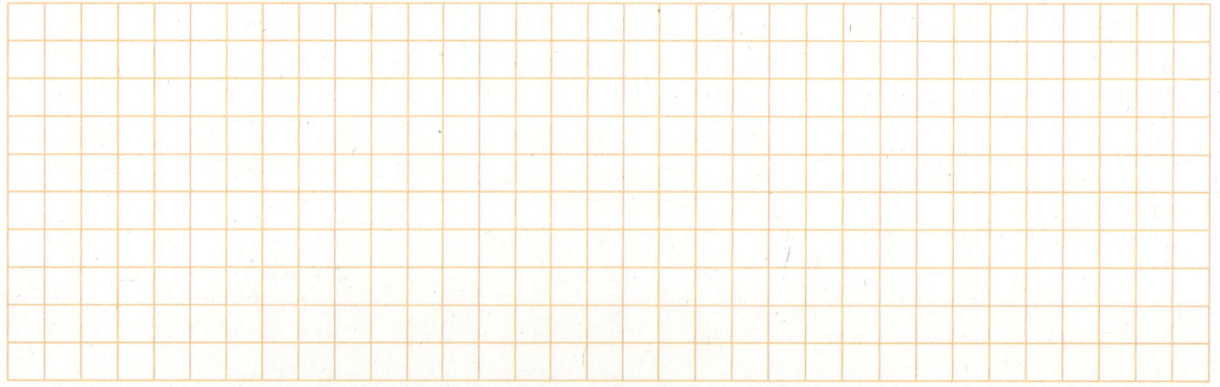

5. Aufgabe: Beim Schutzgasschweißen beträgt die Arbeitsspannung 20 V, der Widerstand im Schweißstromkreis 0,16 Ω.
Wie viel Ampere beträgt der Schweißstrom?

6. Aufgabe: Ein Lötkolben ist an 230 V angeschlossen und nimmt 1,92 A auf.
Welchen Widerstand (in Ω) hat der Lötkolben?

7. Aufgabe: An welcher Spannung (in V) liegt eine Spule mit 8,2 kΩ Widerstand, wenn sie 48,8 mA Strom aufnimmt?

© Westermann Gruppe

Leiterwiderstand

Auch elektrische Leiter (z. B. Aluminium) setzen den fließenden Elektronen einen Widerstand entgegen.

Der Widerstand eines elektrischen Leiters mit 1 m Länge und 1 mm² Querschnitt heißt spezifischer Widerstand ϱ. Seine Benennung ist $\frac{\Omega \cdot mm^2}{m}$.

Entnehmen Sie einem Tabellenbuch die spezifischen Widerstände der folgenden Metalle.

Aluminium	Blei	Gold	Kupfer	Silber	Zink	Zinn
_____	_____	_____	_____	_____	_____	_____

Entnehmen Sie der Tabelle einen guten und preiswerten elektrischen Leiter. Begründen Sie Ihre Auswahl.

_____

Eine Kupferleitung ist 50 m lang und besitzt einen Querschnitt von 2,5 mm².
Wie groß (in Ω) ist ihr Widerstand?

Geg.: _____

Ges.: _____

Der Widerstand eines elektrischen Leiters hängt ab

(Al – Cu)   _____

(2 m – 200 m)   _____

(1 mm² – 12 mm²)   _____

Der Widerstand im elektrischen Leiter wird umso kleiner,

– _____

– _____

– _____

Lösung der Aufgabe: Der Widerstand beträgt

bei   1 mm² Querschnitt und   1 m Länge _____ ,

bei   1 mm² Querschnitt und _____ m Länge   _____ ,

bei _____ mm² Querschnitt und _____ m Länge   = _____ .

$$R = \boxed{} \quad (\Omega) \qquad \begin{array}{l} \varrho \text{ in } \_\_\_\_ \\ l \text{ in } \_\_\_\_ \\ A \text{ in } \_\_\_\_ \end{array}$$

1. Aufgabe: Aus Silberdraht mit 0,1 mm Durchmesser soll eine Spule gewickelt werden, die 8 Ω Widerstand hat. Wie viele Meter Draht sind dazu erforderlich?

2. Aufgabe: Die Heizspirale einer Wärmeplatte soll 50 Ω Widerstand haben. Sie wurde aus einer Legierung mit 4,30 m Länge und 0,35 mm Durchmesser gefertigt.
Berechnen Sie den spezifischen Widerstand der Spirale.

3. Aufgabe: Von einem Gleichstromgenerator soll ein 14 m langes Kupferkabel verlegt werden. Der Widerstand soll nicht über 0,4 Ω liegen.
Welchen Durchmesser (in mm) muss die Leitung mindestens erhalten?

4. Aufgabe: Berechnen Sie den Widerstand (in Ω) einer 5 km langen Leitung aus 2 mm dickem Aluminiumdraht.

5. Aufgabe: Ein runder Metalldraht hat einen Durchmesser von 0,2 mm. Seine Länge beträgt 100 dm. Das Ohmmeter zeigt einen Widerstand von 4,777 Ω an. Bestimmen Sie das Material des Metalldrahts.

6. Aufgabe: Berechnen Sie den elektrischen Widerstand einer Kupferleitung von 0,4 km Leiterlänge. Der Draht hat einen quadratischen Querschnitt mit einem Eckenmaß e von 2,12 mm.

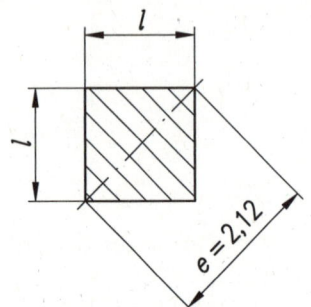

Unfallbericht in einer Tageszeitung:

München. Bei der Montage eines Treppengeländers in einem Haus an der Kepplerstraße hatte der Auszubildende Walter K. an seiner Winkelschleifmaschine eine Stromunterbrechung. Ohne den Netzstecker zu ziehen, öffnete K. das Gehäuse, um den Schaden zu beheben. Dabei berührte er vermutlich stromführende Teile. Der Auszubildende war auf der Stelle tot. Sofort durchgeführte Wiederbelebungsversuche blieben ohne Erfolg.

A. Stromwirkungen auf den Menschen

Nicht bei allen Menschen sind die Wirkungen des elektrischen Stroms wegen der unterschiedlichen Körperwiderstände gleich.

Stromstärke I	Wirkung auf den Menschen
bis 0,005 mA	Wahrnehmung mit der Zunge
bis 1,2 mA	Wahrnehmung mit den Fingern
6 bis 9 mA	Muskelverkrampfung (Loslassgrenze)
25 bis 60 mA	Atemstillstand, Bewusstlosigkeit
80 mA bis 3 A	Schneller, unregelmäßiger Herzschlag (= Herzflimmern), Todesgefahr
über 3 A	Schwere Verbrennungen, Tod

B. Schutzmaßnahmen

1. Schutzleiter

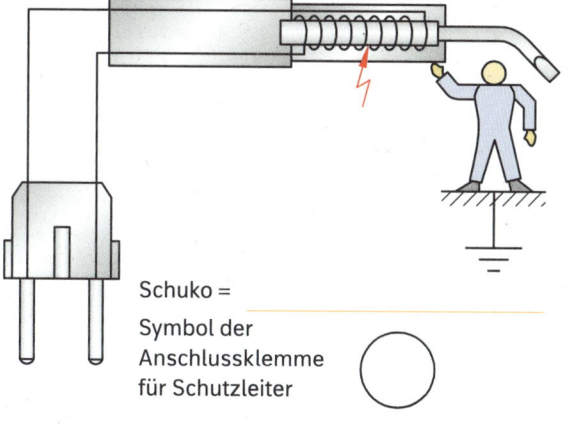

Schuko =

Symbol der Anschlussklemme für Schutzleiter

Verbraucher mit Gehäuse aus Metall können bei Defekt unter Spannung stehen – <u>Lebensgefahr!</u>

Lösung: _____

_____

_____

Folge: _____

_____

_____

2. Schutzisolierung

Elektrische Handbohrmaschinen, Winkelschleifmaschinen u. Ä. besitzen häufig nur eine zweiadrige Anschlussleitung und keinen Schukostecker. Die stromführenden Teile sind dann vor Berührung durch eine besondere Isolierung geschützt (Schutzisolierung).

Symbol:

3. Fehlerstrom-Schutzschalter

Der Fehlerstrom-Schutzschalter (-Schutzschalter) vergleicht den zum Verbraucher fließenden Strom mit dem zurückfließenden.
Ist eine Differenz vorhanden (Fehlerstrom), werden <u>alle</u> Pole innerhalb von 0,2 s abgeschaltet.

4. Verhalten bei Unfällen

Gefahr beseitigen

Strom ausschalten, z. B.

_____

_____

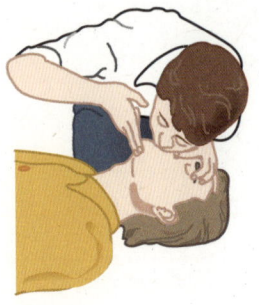

Bei Atemstillstand: _____

Sofort _____ .

_____

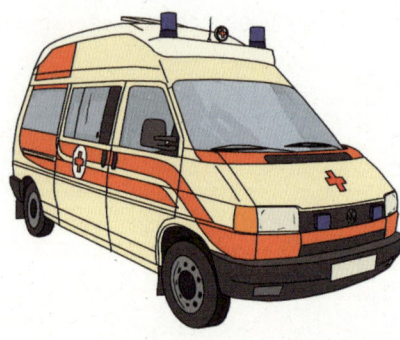

Hilfe herbeiholen:

_____

_____

! 1. Elektrische Anlagen und Betriebsmittel dürfen nur von einem Elektro-_____ errichtet, geändert oder instand gesetzt werden.

! 2. Zur Verhütung von Unfällen sind die Unfallverhütungsvorschriften der Berufsgenossenschaften und die VDE-Bestimmungen zu beachten.

A. Reihenschaltung (= _____)

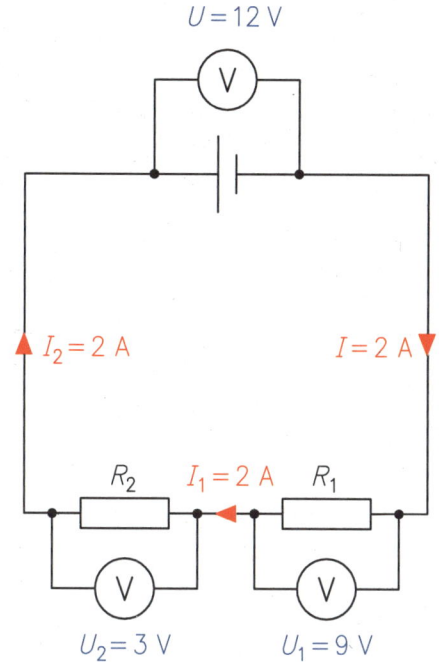

$U = 12\,V$

$I_2 = 2\,A$ $I = 2\,A$

R_2 $I_1 = 2\,A$ R_1

$U_2 = 3\,V$ $U_1 = 9\,V$

1. Es fließt überall der gleiche

   _____ ; die _____ ist

   konstant:

2. Die Gesamtspannung ist so groß

   wie die _____ der _____

   _____ :

3. Weil nach dem ohmschen Gesetz

   $U =$ _____ ist und

   $U =$ _____ ist, gilt:

   _____ = _____ .

   Weil der Strom $I =$ _____ ist, ergibt sich:

B. Parallelschaltung

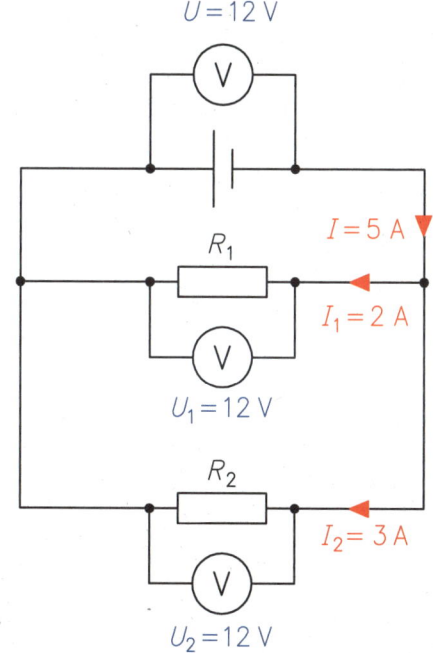

$U = 12\,V$

R_1 $I = 5\,A$

$I_1 = 2\,A$

$U_1 = 12\,V$

R_2

$I_2 = 3\,A$

$U_2 = 12\,V$

1. Hier ist die _____ überall gleich:

2. Die Ströme verzweigen sich. Die Gesamtstromstärke ist so groß wie

   die _____ der _____ :

3. Nach dem ohmschen Gesetz

   $I =$ _____ und

   $I =$ _____

   _____ = _____

   Weil $U =$ _____ ist, ergibt sich:

Welche Schaltungsart von Verbrauchern ist im Stromnetz üblich?

_____

Nennen Sie die Vorteile dieser Schaltung.

_____

_____

_____

C. Gemischte Schaltungen

1.

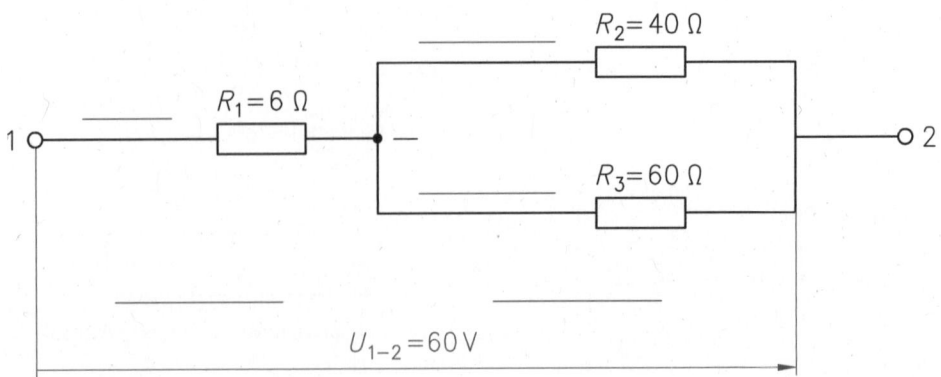

Gemischte Schaltungen sind Kombinationen aus

_____

Vor der Berechnung wird die Schaltung analysiert.

R_2 und R_3 liegen _____ .

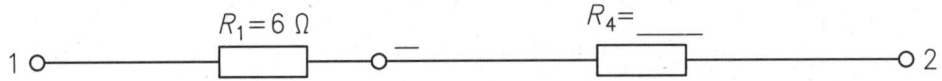

Sie lassen sich zu einem Ersatzwiderstand zusammenfassen:

_____

_____

_____

R_1 liegt zu R_4 _____ .
Ersatzwiderstand:

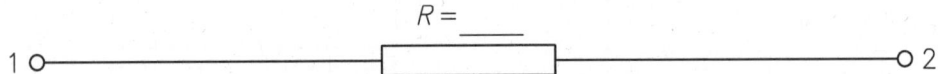

_____

_____

_____

Nun kann mit dem ohmschen Gesetz der Strom I durch die Schaltung berechnet werden:

_____

Die Teilspannung U_{1-3} beträgt: _____

Die Teilspannung U_{3-2} beträgt: _____

_____

Der Teilstrom durch R_2:

_____

Der Teilstrom durch R_3:

_____

_____

2.

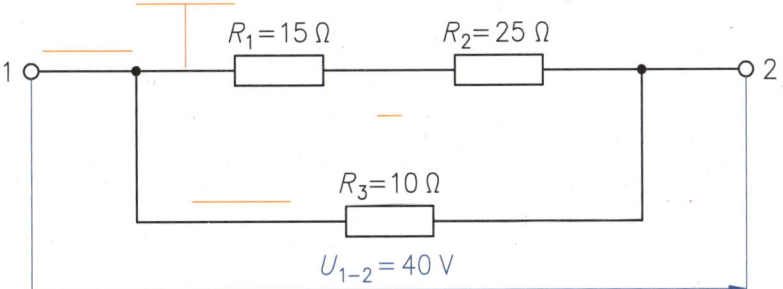

$R_1 = 15\ \Omega$ $R_2 = 25\ \Omega$

$R_3 = 10\ \Omega$

$U_{1-2} = 40\ \mathrm{V}$

$R_4 =$ ___

$R_3 = 10\ \Omega$

$R =$ ___

Ersatzwiderstand der

_____ -Schaltung

von _____ und _____ :

_____

_____

_____

Ersatzwiderstand der

_____ -Schaltung

von _____ und _____ :

_____

_____

_____

Ströme: $I =$ ___

$I_1 =$ ___

$I_3 =$ ___

Spannungen: $U_{1-3} =$ ___

$U_{3-2} =$ ___

D. Aufgaben

1. Berechnen Sie den Gesamtwiderstand, den Strom und den Spannungsabfall an den beiden Widerständen.

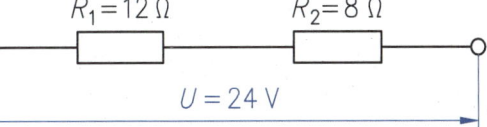

$R_1 = 12\ \Omega$ $R_2 = 8\ \Omega$

$U = 24\ \mathrm{V}$

2.

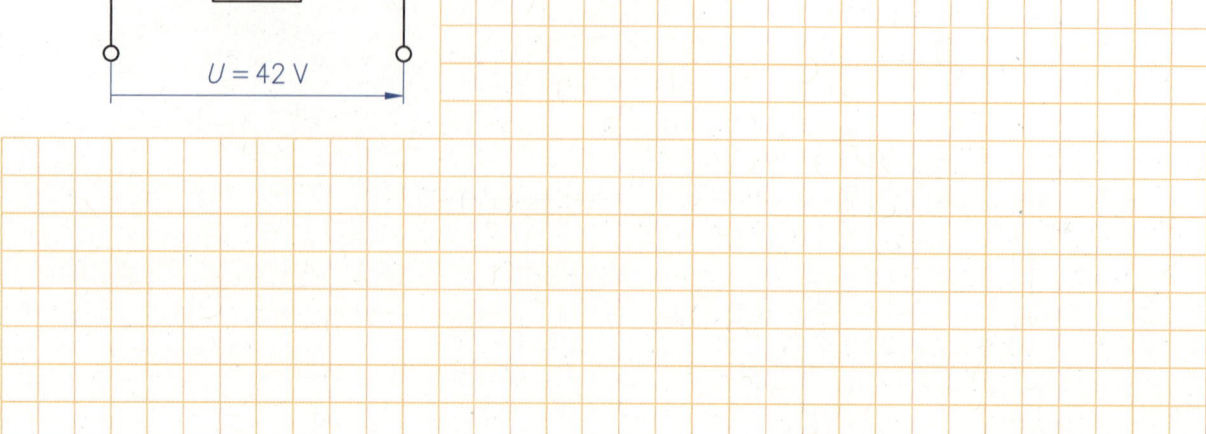

$R_1 = 6\ \Omega$

$R_2 = 14\ \Omega$

$U = 42\ V$

Berechnen Sie folgende Größen:
a) Ersatzwiderstand R,
b) Stromstärke I,
c) Teilströme I_1 und I_2.

3. Gesucht sind die Ströme I_1, I_2 und I_3.

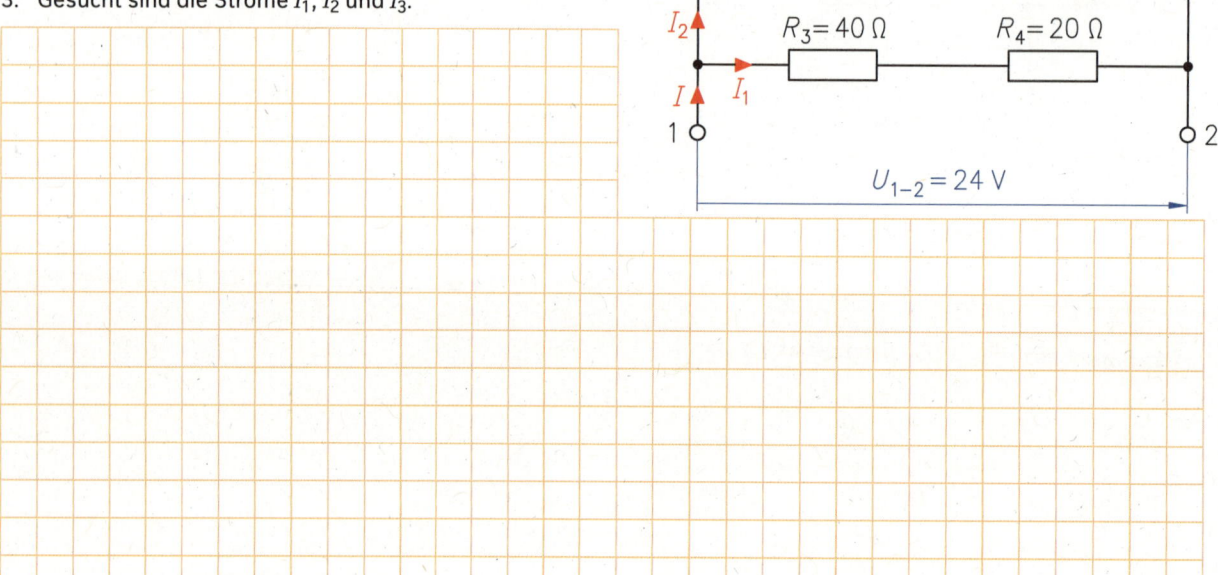

$R_1 = 5\ \Omega$ $R_2 = 15\ \Omega$

I_2 $R_3 = 40\ \Omega$ $R_4 = 20\ \Omega$

I I_1

1   $U_{1-2} = 24\ V$ 2

4. Wie viel Ohm muss der Vorwiderstand R_v der Glühlampe (2,5 V, 0,2 A) haben, wenn sie an der Spannung von 12 V betrieben wird?

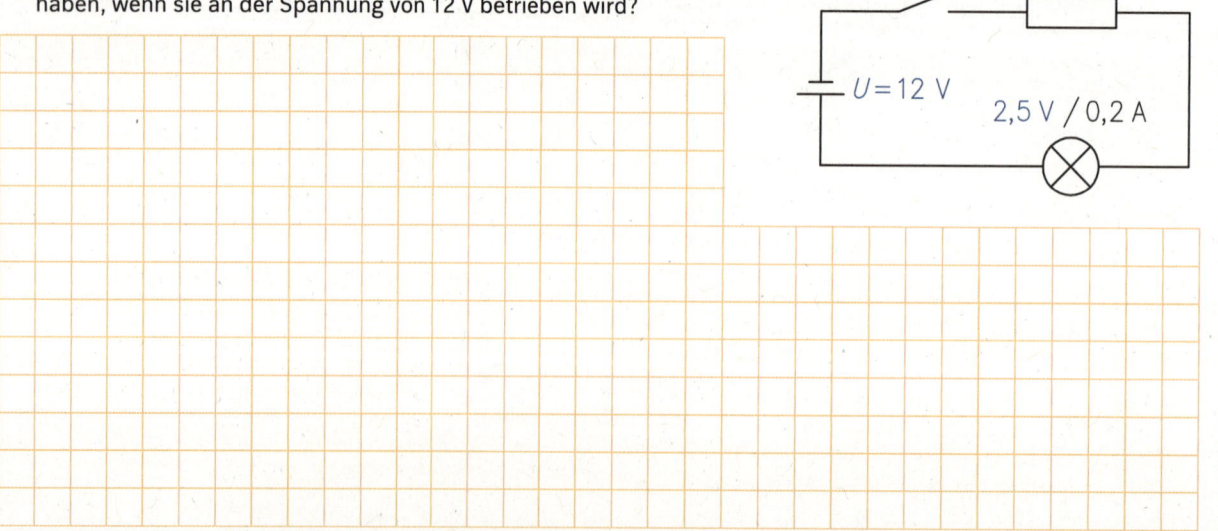

R_v

$U = 12\ V$

2,5 V / 0,2 A

Metallbautechnik

Name:

Datum:

Klasse:

Warten technischer Systeme

Technische Systeme

Lernfeld 4

7

Maschinen und Geräte helfen und unterstützen den Menschen und vergrößern seinen Wirkungsbereich. Sie werden als technische _____ bezeichnet.

Maschine oder Gerät = techn. System

Einfache Maschine — z. B.

Fördermittel — z. B.

Werkzeugmaschine (Spanen) — z. B.

Werkzeugmaschine (Umformen) — z. B.

Werkzeugmaschine (Urformen) — z. B.

Stoffe werden transportiert oder verändert, Energie wird benötigt.

_____-Maschinen
(stoffumsetzende Maschinen)

Elektrische Maschinen — z. B.

Pneumatische (druckluftbetriebene) Maschinen — z. B.

Hydraulische (flüssigkeitsbetriebene) Maschinen — z. B.

Verbrennungsmaschinen — z. B.

Heizungssysteme — z. B.

Energie wird umgesetzt.

_____-Maschinen
(energieumsetzende Maschinen)

Sprachkommunikationsgerät — z. B.

Textkommunikationsgerät — z. B.

Bildkommunikationsgerät — z. B.

Bildschirmkommunikationsgerät — z. B.

Elektronische Datenverarbeitungsmaschine (EDV) — z. B.

Informationen werden verarbeitet und weitergeleitet.

_____-Maschinen
(informationsumsetzende Maschinen)

Merke: Stoffe, Energie und Informationen können _____, _____ und _____ werden.

Die Grundlage für eine ungestörte und damit kostengünstige Produktion ist die Instandhaltung. Dazu gehören Wartung, Inspektion und Instandsetzung.

A. Wartung

Der Zustand einer Maschine **soll** stets in Ordnung sein. Er heißt deshalb _____ .

Um ihn zu erreichen, müssen folgende Wartungsarbeiten durchgeführt werden:

1. Reinigen der Maschine

2. Schmieren der Maschine; Überprüfen der _____

3. Nachstellen von Werkzeugen oder Führungen

Dabei sind die Wartungspläne des Herstellers zu beachten und am Ende der Wartungsarbeiten ein Protokoll anzufertigen.

B. Inspektion

Bei der Inspektion wird festgestellt, wie der derzeitige Zustand einer Maschine **ist:** _____ .

Dazu müssen folgende Kontrollarbeiten durchgeführt werden:

1. Nach Fertigstellung der Maschine: _____

2. In festgelegten Zeitabständen: _____

    Diese muss nach Angaben der Herstellerfirma durchgeführt und schriftlich festgehalten werden.

3. Bei Mängeln an der Maschine: _____

C. Instandsetzung

Die Einsatzfähigkeit, der Sollzustand, wird wieder hergestellt.
Vor jeder Instandsetzungsarbeit muss der Umfang der Reparatur festgestellt werden.
Geben Sie den Ablauf einer Instandsetzung an:

1. _____

2. _____

3. _____

4. _____

5. _____

6. _____

7. _____

Wartungsarbeiten: Wartung eines Kompressors

Entnehmen Sie dem Typenschild des Druckluftbehälters Ihrer Schule die folgenden Angaben:

Hersteller _____

Herstellerzeichen _____

Herstellungsnummer _____

Baujahr _____

Zulässiger Betriebsdruck in bar _____

Inhalt in Liter _____

Zulässige Betriebstemperatur in Grad Celsius _____

Baumusterkennzeichen _____

Suchen Sie in der Betriebsanleitung für Druckluftbehälter Angaben über wiederkehrende Prüfungen, Schweißarbeiten und Arbeitsmedium.

_____

_____

_____

_____

_____

Verwenden sie jetzt die Bedienungsanleitung für Kolben-Kompressoren.

Allgemeine Garantiezeit _____

Garantiezeit gegen Durchrosten des Behälters _____

Sicherheitshinweise (Auszug)

1. Arbeiten am Kompressor dürfen nur von sachkundigen Personen durchgeführt werden.

2. Der Behälter des Kompressors steht unter Druck. Deshalb sollte der Kompressor nicht in unmittelbarer Nähe einer Arbeitsstätte aufgestellt werden, sondern in einem unbesetzten Nebenraum.

3. Vor Inbetriebnahme des Kompressors die Bedienungsanleitung lesen und genau befolgen.

4. Während und unmittelbar nach dem Betrieb keine Kompressorteile berühren. Zylinderkopf, Nachkühler und Druckleitung erreichen hohe Temperaturen. Verbrennungsgefahr!

5. Vor Arbeiten am Kompressor stets den Netzstecker ziehen und die Luft vollständig ablassen.

6. Während des Betriebs für ausreichende Kühlung der Maschine sorgen. Niemals abdecken!

7. Der Kompressor verdichtet nur Umgebungsluft. Keine anderen Medien beimengen!

8. Die Umgebungstemperatur darf +5 °C nicht unter- und +38 °C nicht überschreiten.

9. Um einen störungsfreien Betrieb zu gewährleisten, darf die durchschnittliche Laufzeit 60 % nicht überschreiten.

10. Am Gerät dürfen keine Veränderungen vorgenommen werden.

Für Wartung, Inspektion und Instandsetzung werden Programmablaufpläne erstellt.

A. Programmablaufplan für eine Wartung

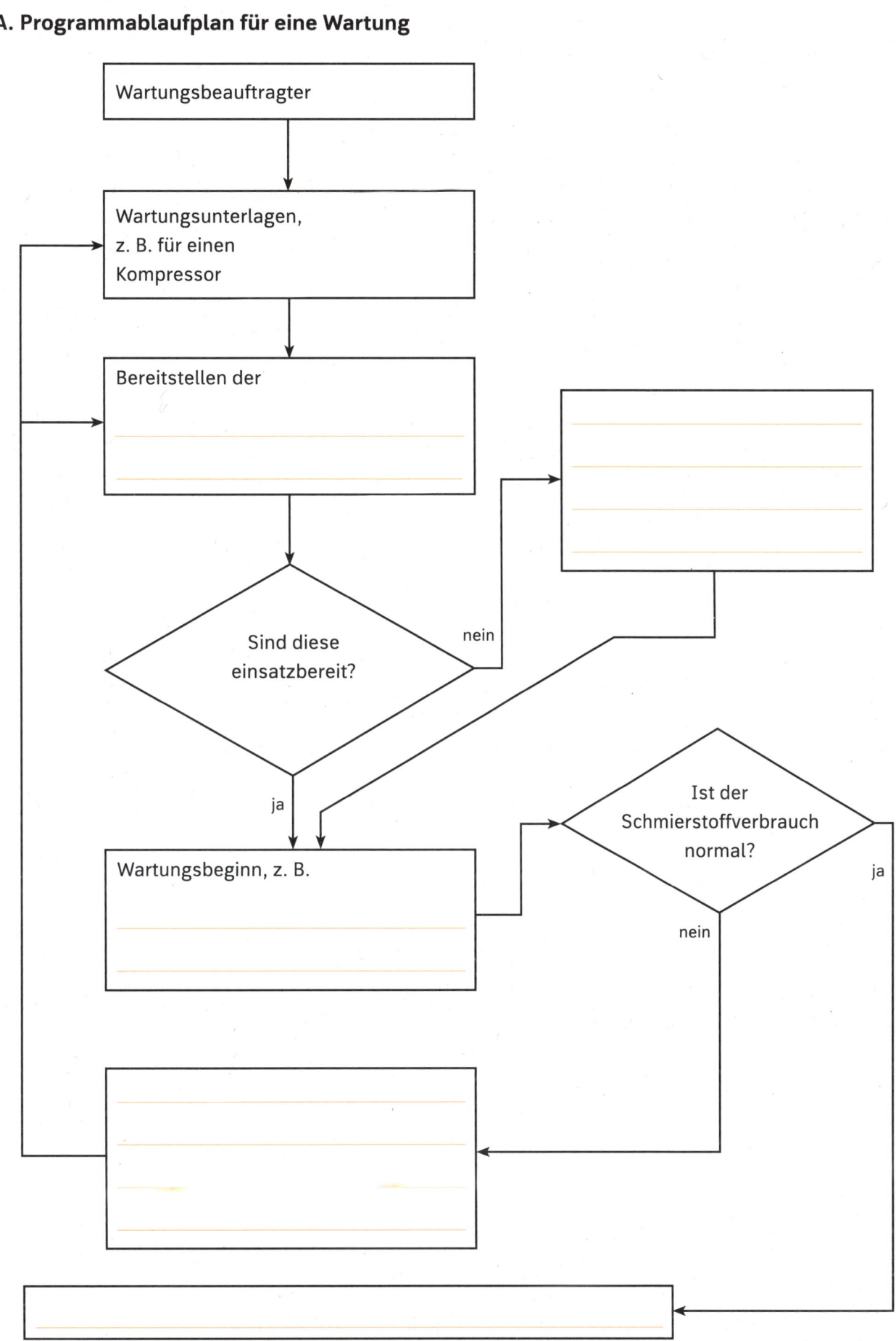

B. Programmablauf für eine Inspektion

C. Programmablauf für eine Instandsetzung

Wartungsarbeiten am Werkstatt-Kompressor in der Schule

1. **Ölwechsel**

2. **Kondenswasser**

3. **Zylinderkopfschrauben**

   Verwendetes Werkzeug zum Nachziehen:

4. **Elektromotor**

5. **Ansaugfilter**

   Folgen verschmutzter Ansaugfilter:

6. **Kühlrippen**

   Folgen verschmutzter Kühlrippen:

7. **Rückschlagventil**

8. **Keilriemenspannung**

A. Wartungsplan

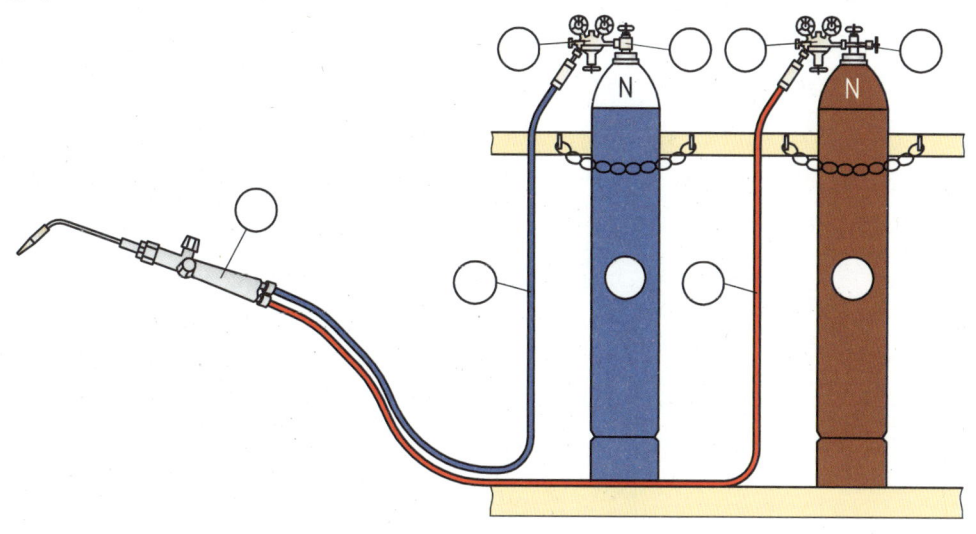

B. Durchführung der Wartungen

Wartung der _____ ①

Dichtheitsprüfung mit Pinsel und _____ oder
_____

Sind die Flaschenventile dicht? — nein →

ja

Kann die Ventil- spindel mit dem Handrad gedreht werden? — nein →

ja

Wie können Schmutz und Staub aus dem Ventil entfernt werden? →

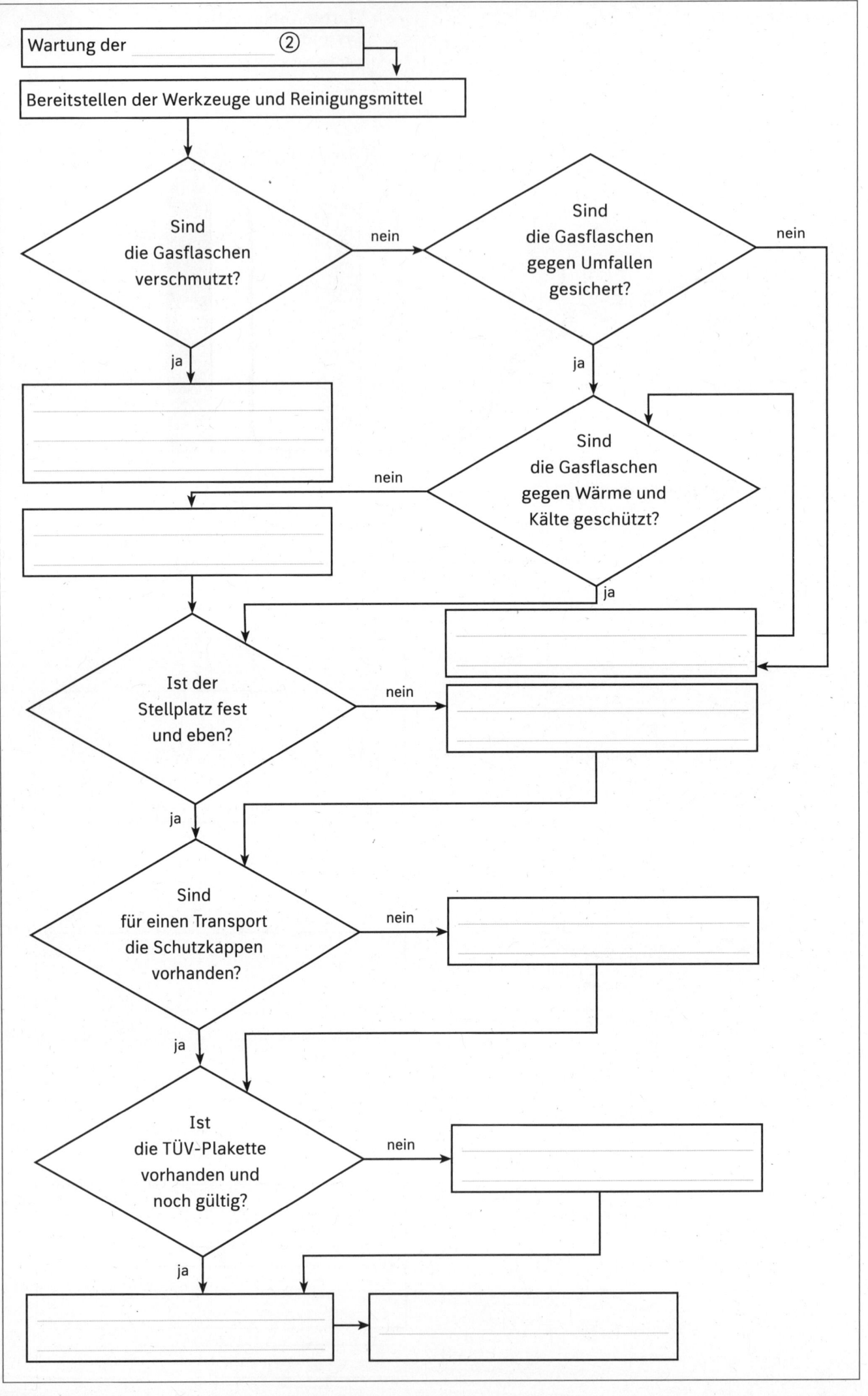

Wartung der _____ ②

Bereitstellen der Werkzeuge und Reinigungsmittel

Sind die Gasflaschen verschmutzt?

Sind die Gasflaschen gegen Umfallen gesichert?

Sind die Gasflaschen gegen Wärme und Kälte geschützt?

Ist der Stellplatz fest und eben?

Sind für einen Transport die Schutzkappen vorhanden?

Ist die TÜV-Plakette vorhanden und noch gültig?

nein

ja

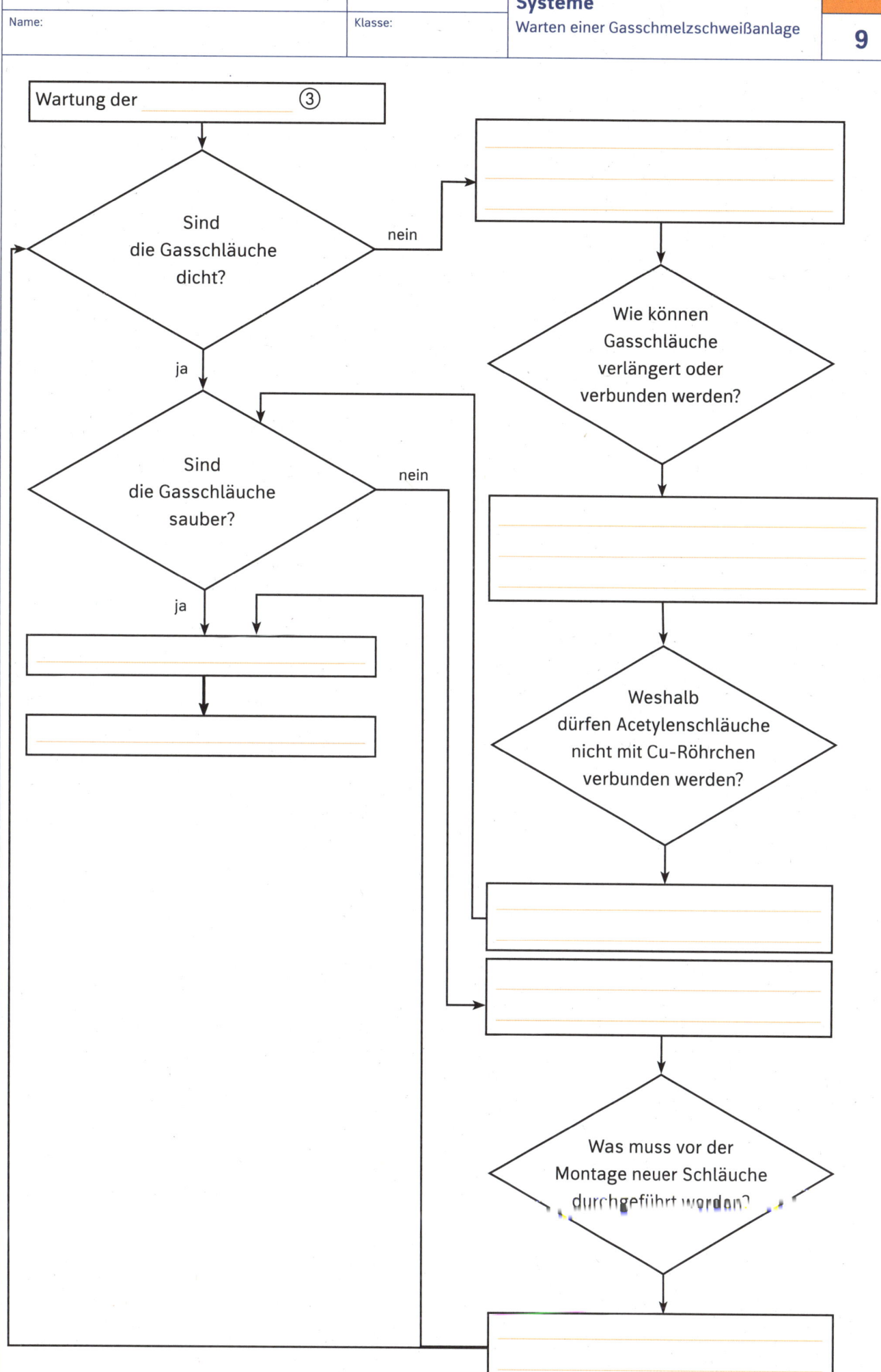

Wartung der _____ ③

Sind die Gasschläuche dicht?

nein →

ja

Sind die Gasschläuche sauber?

nein →

ja

Wie können Gasschläuche verlängert oder verbunden werden?

Weshalb dürfen Acetylenschläuche nicht mit Cu-Röhrchen verbunden werden?

Was muss vor der Montage neuer Schläuche durchgeführt werden?

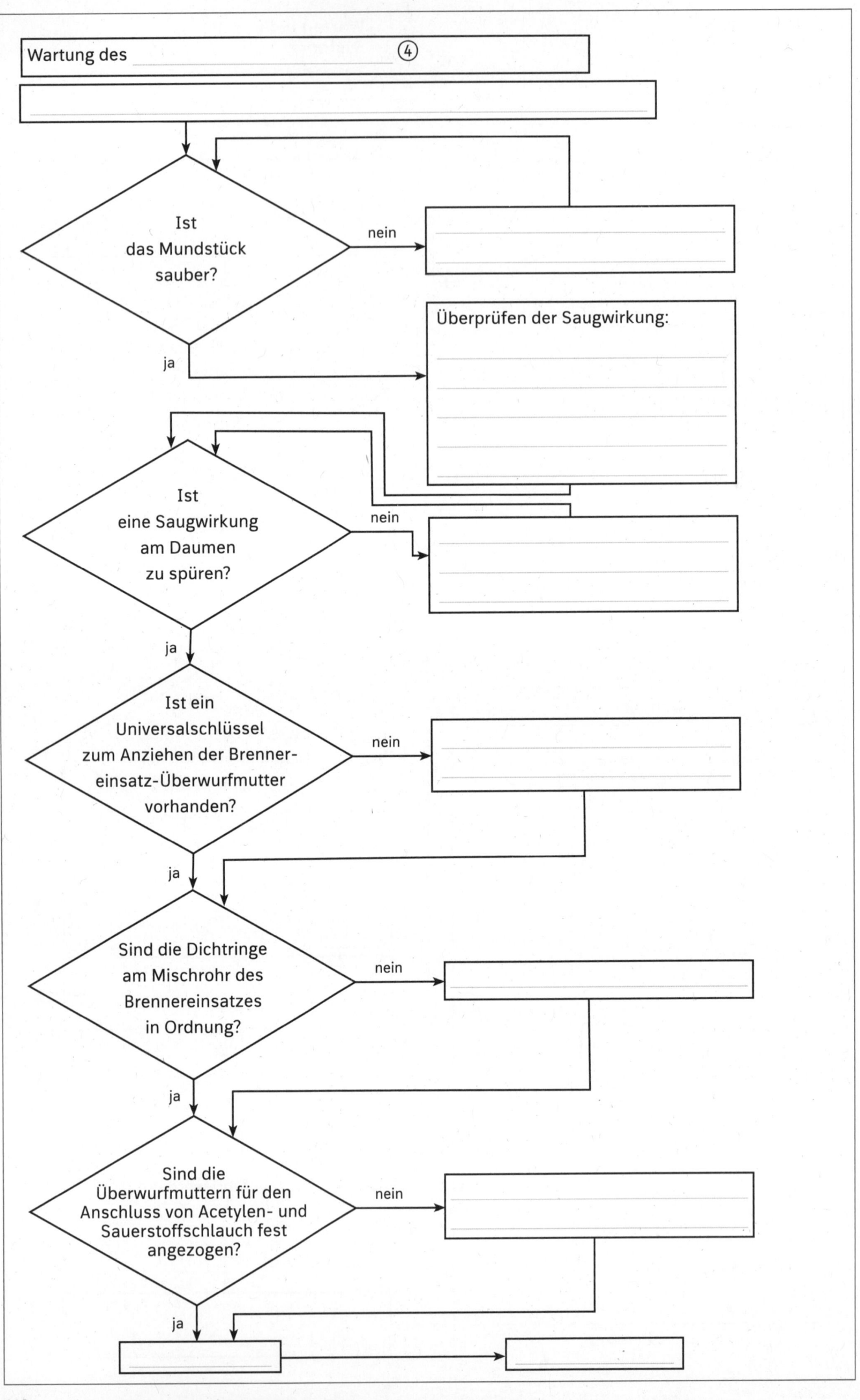

Wartung des _____ ④

_____

Ist
das Mundstück
sauber?

nein → _____

ja

Überprüfen der Saugwirkung:

Ist
eine Saugwirkung
am Daumen
zu spüren?

nein → _____

ja

Ist ein
Universalschlüssel
zum Anziehen der Brenner-
einsatz-Überwurfmutter
vorhanden?

nein → _____

ja

Sind die Dichtringe
am Mischrohr des
Brennereinsatzes
in Ordnung?

nein → _____

ja

Sind die
Überwurfmuttern für den
Anschluss von Acetylen- und
Sauerstoffschlauch fest
angezogen?

nein → _____

ja

_____ → _____

Wartung der _____ ⑤

Mit welchen Hilfsmitteln wird die Dichtheit überprüft?

_____

Sauerstoff-Druckminderventil

Acetylen-Druckminderventil

Das Druckminderventil ist am Flaschenventil mit _____ _____ befestigt.

Das Druckminderventil ist am Flaschenventil mit _____ befestigt.

Beim Einsprühen mit Leckspray zeigen sich Luftbläschen. Welche Wartungsarbeiten müssen durchgeführt werden?

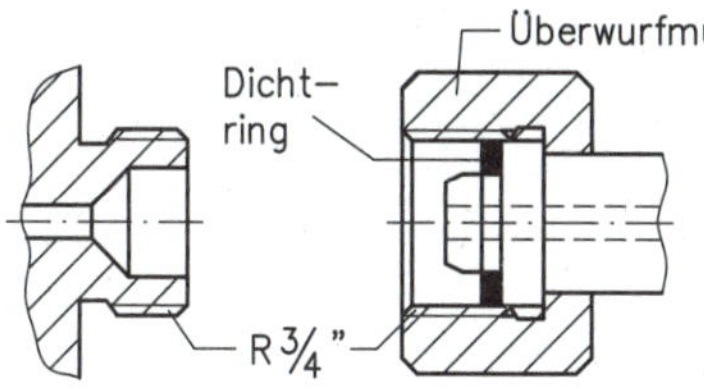

Überwurfmutter
Dicht-ring
R ¾"

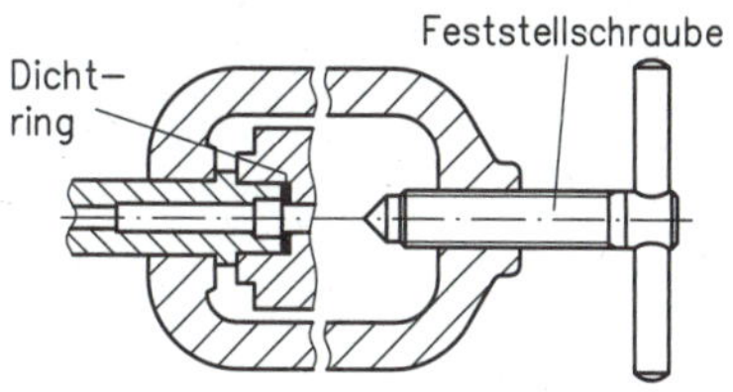

Feststellschraube
Dicht-ring

Das Absperrventil zum Acetylenschlauch ist undicht.

Welche Maßnahme ist erforderlich?

_____

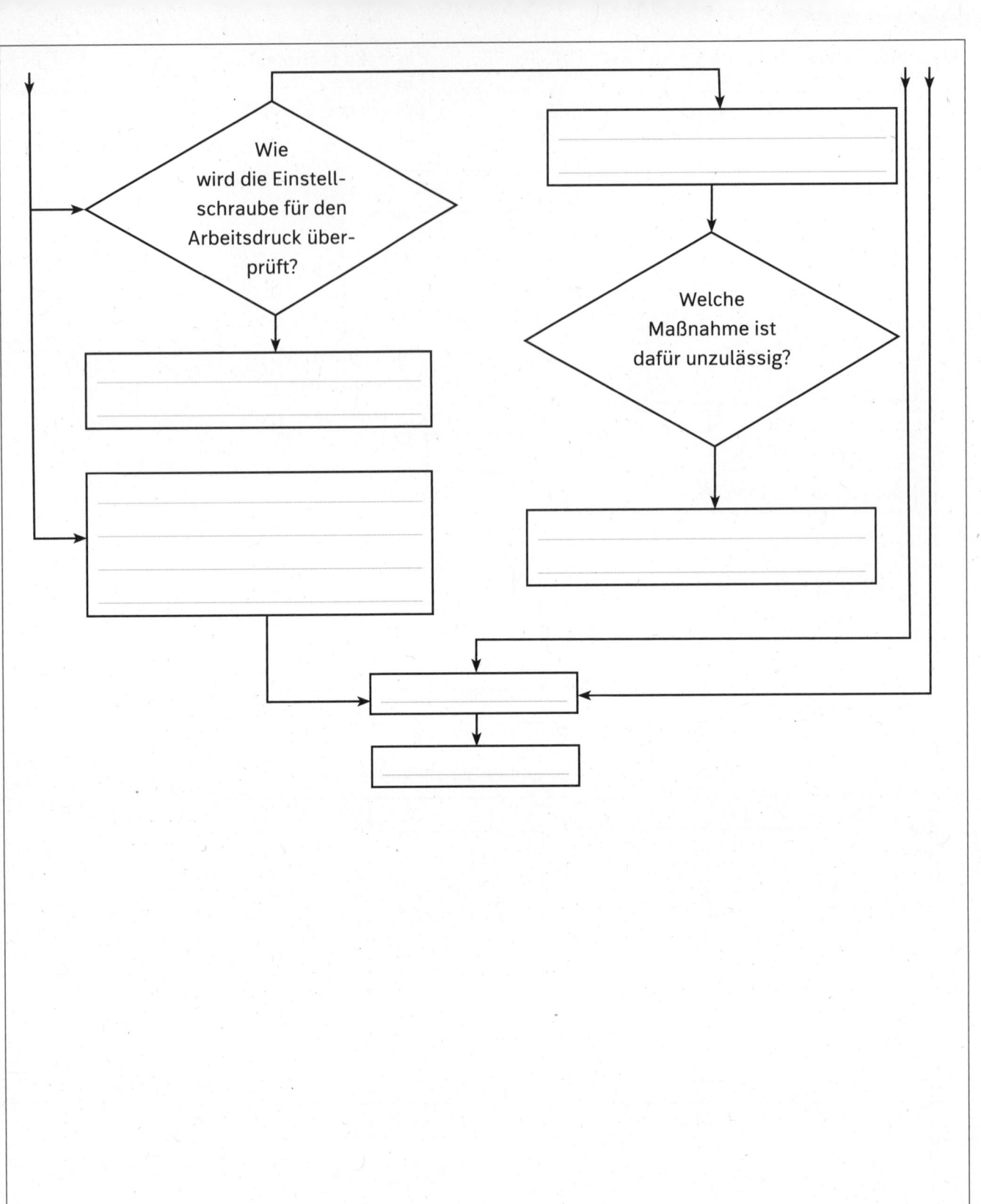

Bei Arbeiten außerhalb der Werkstatt nehmen Handwerker ihre wichtigsten Werkzeuge in abschließbaren Kisten mit zur Baustelle. Diese Behälter müssen von Zeit zu Zeit gereinigt und ihr Inhalt gewartet und bei Bedarf wieder instand gesetzt werden.

Werkzeugkiste	_____
Flachmeißel	Schneide: _____ Meißelbart: _____
Feilen	Lockere Metallspäne: _____ Festsitzende Späne: _____
Hammer	Hammerstiel: _____ Hammerbahn: _____
Elektrische Handmaschinen	Kabelzuführung: _____ Reparatur elektrischer Teile: ___
Elektrische Handwinkel-Schleifmaschine	_____

Welche weiteren Werkzeuge führen Sie in Ihrer Werkzeugkiste mit? Nennen Sie solche und beschreiben Sie die anfallenden Wartungs- und Instandsetzungsarbeiten.

In Ihrem Bestrieb werden Aluminium, Stahl und NE-Metalle bearbeitet.

Ordnen Sie den skizzierten HSS-Wendelbohrern den Drall- oder Spanwinkel, den Bohrer-Typ und den entsprechenden Spitzenwinkel zu.

Verwenden Sie zur Lösung der Aufgaben ein Tabellenbuch.

HSS-Wendelbohrer	Zu bearbeitender Werkstoff	Drall- oder Spanwinkel	Bohrer-Typ	Spitzenwinkel
Spitzenwinkel / Span– oder Drallwinkel	Al $\left(R_m < 300 \ \frac{N}{mm^2}\right)$	bis		
	Stahl $\left(R_m \text{ bis } 1000 \ \frac{N}{mm^2}\right)$	bis		
	NE-Metalle z. B. Cu-Zn-Leg. (Messing)	bis		

Wendelbohrer mit unrundem Lauf oder Beschädigungen am Einspannschaft müssen erneuert werden.

Instandhaltungs- und Ausfallkosten, Störungsfolgen

A. Instandhaltungskosten

Damit die Werkzeuge und Maschinen eines Betriebs stets einsatzbereit sind, muss für deren Instandhaltung Geld aufgewendet werden. Diese Ausgaben werden Instandhaltungskosten genannt.

Instandhaltungskosten (Auswahl)

Direkte Kosten

1. Personalkosten, z. B.

_____

_____

2. Materialkosten, z. B.

_____

_____

3. Fremdkosten, z. B.

_____

_____

Indirekte Kosten

1. Produktionsausfall, z. B.

_____

_____

2. Wertminderung, z. B.

_____

_____

3. Veralterung, z. B.

_____

_____

Die direkten Instandhaltungskosten eines Betriebs können berechnet werden, die indirekten Instandhaltungskosten können nur geschätzt werden.

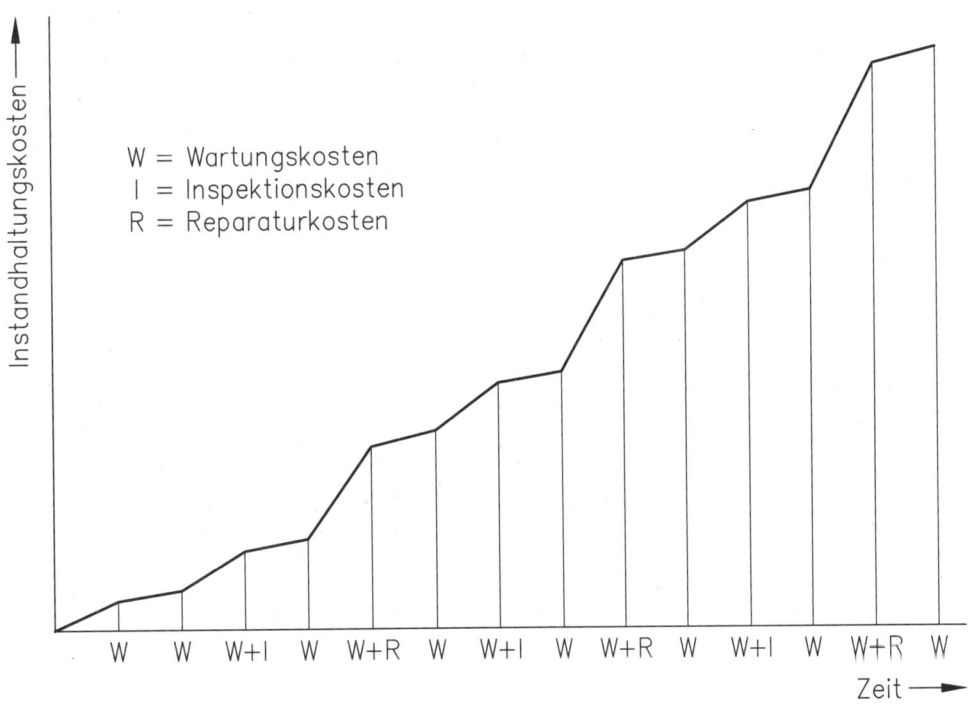

W = Wartungskosten
I = Inspektionskosten
R = Reparaturkosten

Wartungen und Inspektionen müssen in festgelegten Zeitabschnitten durchgeführt werden. Sie verursachen mit zunehmendem Alter der Werkzeuge und Maschinen immer höhere Kosten.
Das skizzierte Diagramm hat drei steile Anstiege. Geben Sie dafür eine Erklärung an.

_____

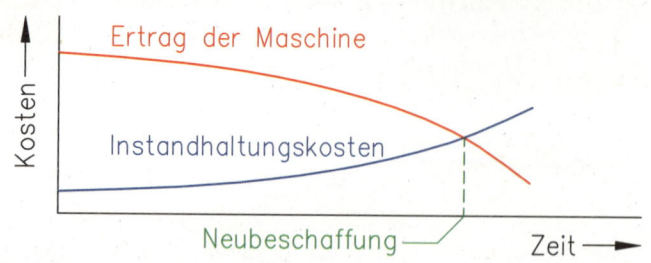

Sind die Kosten für die Instandhaltung höher als der erarbeitete Gewinn der Maschine, so muss sie erneuert werden.

B. Ausfallkosten und Störungsfolgen

Maschinen können während der Produktion ausfallen. Die dadurch entstehenden Kosten sind die Ausfallkosten. Die Ausfallkosten können verringert oder vermieden werden durch:

_____

_____

_____

_____

_____

Störungsfolgen

1. Durch Personenschäden

Ursachen z. B.:

_____

_____

_____

_____

_____

_____

_____

_____

2. Durch Produktionsausfälle

Z. B. Stillsetzungskosten, Stillstandskosten, Wiederanlaufkosten, Lagerkosten, Zusatzkosten durch Hilfs- und Nebenbetriebe

3. Durch Materialschäden

Z. B. durch eingetrocknete Lacke, Klebstoffe u. Ä.

Bildquellenverzeichnis